湛庐 CHEERS

与最聪明的人共同进化

HERE COMES EVERYBODY

白银与文明

Silver

Nature
and
Culture

文明

[美]菲奥娜·琳赛·舍恩 著
Fiona Lindsay Shen

张焕香 刘秀婕 韩菲 译

浙江教育出版社·杭州

测一测

你了解银在人类文明中的作用吗？

- 银摄入过量，皮肤会变成：（ ）

  A. 白色

  B. 黑色

  C. 蓝色

  D. 红色

- 地球上的银元素是在恒星死亡时形成的吗？（ ）

  A. 是

  B. 否

- 在古埃及早期，银比金更稀有。这是真的吗？（ ）

  A. 真

  B. 假

献给

我的父母埃万和

奥德丽·麦克贝思

白银，人类文明的开启
与超越大自然的杰作

　　每朵云都有一条银边，银就如同云朵一样常见。本书探讨的就是那些我们平时非常熟悉却又不以为意的事物：它是祖父收藏的钱币，是祖母橱柜抽屉里的藏品；它在我们的老照片里，在我们的手机和计算机里，在我们的牙齿里，在水里，在游泳池、袜子和绑带里；它是我们可选的投资品——不是股票，而是拍卖行拍卖的宴会餐具，也是当地饰品店出售的项链；它出现在我们的语言、谚语和思想里。例如，媒体几乎每天都在报道可以解决各种问题的"银弹"①。随着纳米技术的发展，它也越来越多地出现在人们的身体里，以及以前不适合其存在的自然环境里。作为

---

① 银弹（Silver Bullet）一般指银色的子弹，即纯银或镀银的子弹。在欧洲民间传说及 19 世纪以来哥特小说风潮的影响下，银弹往往被描绘成具有驱魔功效，针对狼人等超自然怪物的特效武器。后来，银弹也被比喻为极端有效的解决方法，常作为撒手锏、最强杀招、王牌等的代称。——译者注

一种元素，它是组成地球的成分之一。与氧、氢、铅、钠、铁等其他元素一样，它只是简单地存在着。

　　银是怎样存在的呢？银器又是怎样形成的呢？以英国银匠查尔斯·弗朗西斯·霍尔（Charles Francis Hall）于2012年制作的银质长颈细口瓶为例（见图0-1），这款细口瓶高24厘米，大小适中，是专为盛水和倒水而设计的。图0-2是瓶底座上的标记，它简单地展示了长颈细口瓶的制作史：字母cfh是制造者名字的首字母缩写；字母n是日期标记，表明标记是在2012年打上的；豹头是位于伦敦的金匠公司检测办公室（The Goldsmiths' Company Assay Office）的标记，表明这个细口瓶曾被送到那里进行了纯度鉴定；标记"999"是按照千分数计算的纯度，即银的纯度为999‰，这就是现存的纯银标准（目前我们熟悉的大多数银都是纯度较低的纯银，即925银，这代表银的纯度为925‰）；中间的标记是镶嵌着钻石的女王头像，这是庆祝英国女王伊丽莎白二世在位60周年的特别纪念标记。这款银质细口瓶是在英国康沃尔郡手工制作的，但使用的银并非产自康沃尔郡的银矿。康沃尔郡不但有银矿，还有锡矿、铅矿、锌矿和铜矿，不过这些矿早就被开采完了。霍尔从意大利的银供应商那里购买银，而这些银又是银供应商从几个不同的地方采购的。这些银并非从地下开采出来就可以直接使用，与金不同，地球上几乎没有纯的"天然"银，制作这款长颈细口瓶的原料在送到霍尔手上之前必须经过多次提炼。

　　本书首先提出了一个基本问题：在银进入银匠作坊、医学实验室或电子工厂之前，它是从哪里来的？霍尔的银质长颈细口瓶所用银材的时间之旅只能用地质时间来衡量，因为银矿石的形成需要几百万年的时间。那么在地球形成之后，这一过程又是如何开始的？为什么在某些地方会发现银矿？什么样的地质条件能形成银？

图 0-1 查尔斯·弗朗西斯·霍尔于 2012 年制作的银质长颈细口瓶

图 0-2　银质长颈细口瓶底座上的标记

　　如今，矿产勘探需要地质学家、地球科学家和工程师共同努力，以确定在有希望的地点采矿的可行性。但是数千年前的银矿又是如何被发现的呢？从发现这种贵金属到运用专业知识把它从泥土里开采出来，再到以近乎神秘的方式把它提炼出来，在这一过程中产生了怎样的信念和神话呢？

　　许多文化中存在这样一种古老的观念，那就是"采矿工人要与大自然合作，才能开采出贵金属"，而金属工匠的情况与此相反，他们运用自己的技艺和独创性将自然中的财富塑造为艺术。霍尔的银质长颈细口瓶造型优美、外表圆润，但它是由一块扁平的银片经锤揲处理而成的，难怪人们一直把金属工匠看成"魔法师"。锤揲是目前已知的古老的银器加工工艺之一，它需要工匠将柔软的冷银锤打成型，打造成盘子或中空器皿。制作像长颈细口瓶这样瓶颈很窄、造型复杂的器具，要用特别柔软的细银才行。银制品中其他材料（通常是铜）所占的比例越大，银制品就越硬。对金属工匠来说，为某个作品制作新工具并不罕见，图 0-3 展示的就是霍尔为打造长颈细口瓶的特定曲线而专门制作的加工工具。

图 0-3　霍尔为打造长颈细口瓶的特定曲线而专门制作的加工工具

　　长颈细口瓶的表面纹理有非常明显的锤痕，这些锤痕从瓶身下方一直延伸到瓶口，而且大小不一、形状不定。锤打的目的在于使柔软的纯金属变硬，但过程中也会留下很浅的凹痕，这些凹痕增强了光线在这种反射性极强的金属表面的反射效果。这个细口瓶的表面就像瓶内的水一样，光线在其上时而汇聚，时而流动，时而闪闪发光。锤痕是银匠手工打造的，这一工艺可以追溯至几千年前。与"银在自然界是如何形成的"这个问题对应的是"人类是如何塑造银的"，像霍尔这样的银匠是如何利用银的高延展性和高反射率等自然属性来创造美观实用、具有装饰性，甚至具有魔力的物品的？银制品即使是固体的形式，看起来也像是流动和有生命的。几千年来，工匠们用这种工艺把扁平的银片变成了骏马、舞者、神灵、花卉和景观。银被雕刻成画，被拉成丝，被编织甚至钩织成华丽的织品。

霍尔的长颈细口瓶上的标记是英国的金匠公司检测办公室打下的，该机构的历史可以追溯至 700 年前，而对银器纯度进行官方认证的做法则可以追溯至更早的年代。这是因为银和金一样，一直是人们积累财富的一种方式，如果银贬值，其价值就会降低。本书的第 1 章将着眼于银作为财富的作用，阐述银作为流动货币，给国家体制、政治制度和人们的思想观念带来的改变。自 5 000 多年前人们开始在安纳托利亚及其周边地区开采银矿以来，银就一直在促进经济发展、繁荣贸易、提供国家建设资金等方面发挥作用。如果没有劳里昂的银矿①给雅典带来的财富，我们今天所看到的古希腊文化可能是完全不同的；如果西班牙没有对位于玻利维亚的高产银矿进行控制，欧洲的经济发展可能就会呈现不同的面貌；如果没有银，古代亚洲与西方的贸易关系，甚至与西方政治机构的关系可能就会呈现其他形式。霍尔的长颈细口瓶上那些小小的标记，看起来好像指的是一个人、一个年份、一个地点、一种纯度计量方式，但它们实际上是将银器推广到全世界的象征。

在银的发展史的大部分时间里，人们认为银具有内在价值，并可以用来交换其他物品，这一观念使人们对银产生了需求。然而，随着"把银作为金融工具"这一传统观念的改变，银的作用又会发生什么变化呢？如今，银的货币属性已经越来越弱，它在工业领域的价值越来越大，人们对银的需求也越来越多样化。霍尔于 2012 年在维多利亚与艾尔伯特博物馆展出银质长颈细口瓶时，他的目的很明确，就是"通过精致的银器优雅地运送水，净化水，提升水质"。银在古代被视为一种净化剂，据古希腊历史学家希罗多德

---

① 劳里昂的银矿是古希腊的重要矿藏，是雅典人铸币用银的来源。该银矿于公元前 6 世纪开始被大规模开采，是当时雅典重要的财政收入来源。——译者注

记载，波斯国王居鲁士大帝曾在军事行动期间用银器储存煮沸的河水，这是早期记载中关于银具有抗菌性这一常识的一个实例。化学可以帮助我们解释银具有抗菌性的原因：一项有趣的研究提出了一种"僵尸效应"，即被银离子杀死的细菌会持续消灭邻近的细菌。这一理论在 19 世纪中期得到人们的肯定，在此之前，银有助于保鲜已经是一个被公认的事实。如今，银被广泛应用于水箱内部及水过滤系统中。在第二次世界大战之后，抗生素问世之前，银经常被用作杀菌剂。随着细菌的耐药性不断增强，人们也在尝试开发将银纳入抗菌治疗的新方法。银还具有高导电性，这使得银在电子工业领域有多种用途。以前，一提到银，人们可能会想到珠宝或传家宝，但如今，能源和医疗保健等部门对银的需求量极大。

尽管我们知道银有诸多益处，但现代人通常不会用银水壶盛水，也不会用银餐具吃饭。银仍然是一种贵金属，它和金一样，长期以来被用于彰显其所有者的地位。本书最后的部分将探讨银的象征意义。如今，人们可能会通过社交媒体账号的关注人数来衡量自己的价值，但这种抽象的价值验证方式是最近才兴起的。在历史上相当长的一段时间里，人们通过看得见的、令人羡慕的物质财富来彰显自己的地位。由于稀有且富有光泽等特性，像银这样美丽的贵金属一直都是令人艳羡的资产。刻有家族纹章的银盘在需要时可以熔化成银条救急，因而餐桌上的银制餐具不仅是财富和地位的象征，更是成功的标志。

银具有净化作用，也象征着纯洁。正因如此，在传说中，用银作为武器可以战胜狼人和吸血鬼、驱散邪恶的灵魂、避开邪恶的眼神。将银作为护身符佩戴，可以保佑婴儿等体弱的人以及那些踏上旅途的人。自人类在自然界中发现银以来，就赋予了它各种意义。银带领人类穿越了自身居住的星球和那些镶着银边的云朵，进入想象的世界。银这一来自太空的物质，引导着人类开启星际之旅。

第 1 章

银为何如此重要

银是一种诱惑。它是一种闪亮的、反光强烈的金属。它用炫目的光芒照射我们的眼睛，就像翻转的银元、德拉克马①或比索②那样，使我们看不到它的危险，然后它会在无形中将人类和帝国推向灭亡。人类自学会从自然界提取银以来，就一直想拥有更多，人类对它的觊觎之心有时甚至超过了对更稀有、更昂贵的黄金的觊觎之心。人们也曾将银授予冠军。比如，1896 年，在雅典举行的第一届现代奥运会上，冠军被授予橄榄枝花环和银牌。后来的冠军得主被授予的金牌几乎都是镀金的银牌。[1] 一方面，当我们将银制品作为礼物来庆祝结婚、婴儿出生或取得特殊成就

---

① 德拉克马曾经是希腊的货币单位，2002 年被欧元取代。——译者注
② 比索曾经是西班牙的货币单位，2002 年被欧元取代。目前菲律宾和一部分拉丁美洲国家仍在使用这种货币单位。——译者注

时，银激发了人类的慷慨；另一方面，银也激发了人类的贪婪，"塞夫索的宝藏"（Sevso Treasure）是一批制作精美的古罗马晚期的银器，其所有权的归属引发了一场备受关注的争论，还牵涉三起谋杀案，部分银器2014年被匈牙利政府送还。

当然，这一切与其说与银的性质有关，不如说与人性有关。究竟是银的什么性质激发了人类的这些情绪和行为呢？毕竟，与人们热爱并为之而战的黄金、钻石，以及人们并不在意的其他普通金属一样，银最初也来自太空。那么，人们为什么会特别看重其中的某几类呢？希腊教父约翰·克里索斯托（John Chrysostom）曾意味深长地问越来越追求物质的信徒："金和银美丽吗？但想想看，它们过去和现在都是尘土和灰烬。"[2] 克里索斯托力劝误入歧途的信徒要积累精神财富而非物质财富，但他提到的"污秽"却是一把双刃剑。虽然贪图世间财富可能会令人堕落，但人们为什么看重银而不是锌呢？

不只是银器

我们如果能够比克里索斯托更细致地对银进行研究，或许就能充分理解银的魅力了。虽然人类的知识在不断变化，尤其是现代生活中关于各种用途广泛的材料的知识在不断变化，但仅凭目前我们所了解的银的独特结构和性质，就足以解释其重要性了。银的原子序数为47，其原子核内有47个带正电荷的质子，原子核周围有47个带负电荷的电子，这些原子在被称为"金属键"的有序系统中结合在一起，形成晶体。当金属原子结合在一起时，有些电子会从原子中分离出来，进入"电子海"，即形成自由移动的电子。想象一下河床，河床给河水的流动设置了一些障碍，如岩石、树根、弯道或支流。我们如今重视银的原因之一是银本身的结构对电子不间断的移动非常有利，它在所有金属中导电性最好，因此可用于制造高性能的电子和电气系统。不过，由于银的成本较高，目前银的竞争对手铜在日常生活中的应用更广泛，如用于制造电线。

银富有延展性，可以被塑造成多种形状，比如平展的银片或无缝的圆形容器，甚至可以拉成丝。有些金属（如钛和钢）需要加热才会变得柔软，而金和银这样的金属在常温下就相对柔软。银匠就是利用银的这种特性，用纤细的银线制作精致的掐丝装饰品。图1-1是威尼斯匠人大约在1750年至1800年间制作的银质十字架圣骨盒。

图1-1 威尼斯匠人制作的银质十字架圣骨盒

在元素周期表上，银的元素符号是 Ag，源自拉丁语中的 argentum，其词根在拉丁语和希腊语中的意思都为"白色"或"闪亮"。银具有完美的光泽，这是因为它具有极高的反射率。在人类可见光谱的波长范围（380 ～ 780 纳米）内，即在我们能看到的绚丽多彩的世界里，银的反射率恒定不变。在这一点上，银胜过了其他所有金属。这主要是因为银具有可以自由流动的电子。当入射光波撞击金属表面的电子时，被搅动的电子产生了相反的能量场，该能量场以另一种波的形式被推向外部，从而形成反射。对于人类能看到的所有波长的光，银都会产生这种现象，银因此能反射用途广泛的、纯净的，甚至均匀的光。历史上，品质上乘的镜子上都涂有银。如今，银仍被广泛应用于科研用镜、精密光学仪器和望远镜。

银与金、铂等其他部分金属一起被归类为贵金属，这意味着银具有较强的化学稳定性。例如，银与铁不同，在与潮湿的空气或水接触时不会生锈，也不易与空气中的氧气发生反应。而银与金不同的是，银遇到硫化物时会失去光泽，空气污染越严重，黑色硫化银的生成速度越快。生活在工业化社会的一个惊人后果就是，人们需要经常抛光银质首饰和餐具。

如今，普通银器已不是银的主要应用场景，银在医疗保健和感染控制方面的表现备受瞩目。虽然几个世纪以来，银一直被用于净化水或给伤口消毒，但直到最近人们才了解银是如何杀灭细菌的。它的抗菌性能只有在电离态的银发生化学反应时才能被激活。也就是说，当银原子失去一个电子时，就会变成带正电荷的银离子。像所有有机物一样，细菌依靠酶来维持生命和繁衍，而银离子攻击和破坏的正是这些酶，这会导致细菌细胞在短时间内脱水、萎缩并死亡。还有个意想不到的情况是，接触到银的死亡细胞会"传染"邻近的健康细胞，使细菌持续地大面积死亡。科学家将此现象记录下来，并称之为"僵尸效应"。[3]

从天上来

在德国历史悠久的矿业小镇弗赖贝格，弗罗伊登施泰因城堡（Freuden-
stein Castle）里陈列着令人叹为观止的矿物和宝石。其中有一件银标本高 15
厘米，看起来像一个盘根错节的曲线型丝雕或蜿蜒的水下植物。这里华丽的
纯银或"自然银"展品看起来像是经过精心修剪的盆景或精致的珊瑚，可
它们其实是在世界各地享有盛誉的矿物收藏品。这里展示的小型藏品是交易
商定期送来的，一件约 8 厘米的手指一般长的藏品价格很可能相当于一辆豪
车的价格。作为具有 800 年历史的银矿开采中心，弗赖贝格地区周围的银矿
产量丰富。1857 年，这里的一座银矿就开采出了一块重达 225 千克的银矿
石。[4] 图 1-2 中的自然螺硫银丝产自德国萨克森州厄尔士山脉弗赖贝格区布
兰德-埃尔比斯多夫的希默尔兹富施特矿（Himmelsfurst Mine）。

图 1-2　自然螺硫银丝

银广泛分布于世界各地，从阿拉斯加到澳大利亚再到中国，人们在这些地方都发现了品质上乘的银。中国是小型收藏品的新发源地。英国也有银矿，康沃尔郡的银矿产量最高，而苏格兰克拉克曼南郡的阿尔瓦有一座 18 世纪的小型银矿，那里有丰富的自然银矿床。20 世纪 80 年代，那里曾开采出精致的树枝状晶体，也被称作枝晶（dendrites），如图 1-3 所示。图 1-4 是阿尔瓦地区银矿的入口。挪威孔斯贝格出产的银非常精细、复杂，颇受人们青睐，那里出产了大量色泽鲜亮的银丝，有些长达 1 米。然而，就知名度而言，以上这些都比不上 20 世纪初在墨西哥索诺拉州发现的银片和在加拿大安大略省科博尔特开采的银片。[5]

不过，大多数刚开采出来的银并不是这样的。自然银非常稀少，它不会蜷缩在裸露的岩石缝隙中，也不会像河床上点点的金子那样闪闪发光，它往往存在于复杂的矿物结构中，与铅、铜、氯、砷等其他元素结合在一起。如果这些矿物含有像银这样有价值的成分，并且这些有价值的成分可以被提取出来，它们就可以被称为"矿石"。大多数银矿博物馆都有矿石标本，在没有经验的人看来，这些标本并不吸引眼球，甚至具有欺骗性。例如，螺硫银矿石是块状的，呈灰黑色，而硫砷银矿石闪烁着红宝石般的光芒。了解银为何会以这些形式呈现可以为我们提供一个框架，帮助我们了解人类识别银以及将银从地下开采出来的过程。

当恒星燃烧时，较轻的元素结合形成碳等较重的元素，这一过程被称为"聚变"。像金和银这样的重金属的形成条件则更加严苛——它们在恒星死亡时才能形成。恒星死亡时发生的爆炸会将各种元素抛入太空，地球上的银是由质量为太阳质量 8～9 倍的恒星的死亡锻造而成的，而孕育金的恒星则质量更大。因此，虽然有时在自然界中会发现金和银存在共生关系，人类的文化中也经常将它们相提并论，但它们的母体是完全不同的。[6]

图 1-3　自然银枝晶

图 1-4　阿尔瓦地区银矿的入口

下面我们快进到地球形成及地壳剧烈变形的阶段。银在地表附近富集的最常见的方式之一就是利用热流体作用。这些曾经是太空垃圾的金属在被岩浆加热的水中溶解，在地壳深处循环，这个巨大的热液管道系统将富含矿物的溶液输送到岩石的裂缝和断层中，当它们冷却或与岩石发生化学反应时，矿物就会沉积下来。有的矿物会因地表受到侵蚀而暴露，有的却很难被发现。银起源于太空，但它的最终去向在很大程度上取决于在地球上所处区域的地表条件，以及断层形态和岩石类型。

寻银，是一门艺术，也是一门科学

当今世界上的大多数银是开采铜或铅等金属的副产品，当然也有大量以开采银为主的矿山，以及专门从事银的探寻和提取的跨国矿业公司。寻银既是一门艺术也是一门科学，因为没有一模一样的矿床，而且微小的矿脉隐匿于周遭的大片矿石之中，极难被发现。虽然银比金更常见，但银在地壳中的含量仅为亿分之七。[7] 能够幸运地发现富含银的岩层的时代早已一去不复返。

对特定的地方进行采矿可行性调查被称为"勘探"。尽管大型矿业公司可能会让公司内部的地质学家和地球物理学家组成团队一起进行勘探，但如今更常见的模式是小型矿业公司先对有望开采的区域进行初步勘探，这时测绘、采样和钻探等大部分工作都在地面进行。如果小型矿业公司成功发现了潜在的矿床，它们通常会将其发现的矿床出售给较大的矿业公司，然后由大型矿业公司负责该项目的开发。[8] 这是个高风险的投资项目，因为只有极少数通过了初步勘探的矿床才能最终被开发为矿山。

在勘探初期，常用的策略是在旧矿井地区应用新技术来识别更多或埋藏得更深的矿床。一句广为流传的俚语是"要狩猎大象，最好去大象之乡看看"。例如，美国西部的卡姆斯托克地区在19世纪时就被探明有非常丰富的矿藏，该地区至今仍是人们感兴趣的探矿区域。

虽然银可以存在于不同地质类型和不同地质年龄的岩石中，但在美国，银更常见于较年轻的火山岩中，这种火山岩一般有数千万到数亿年的历史。勘探意味着瞄准目标，从宏观地质地形入手，然后不断缩小焦点的范围。仍以大象打比方，勘探的任务并不是寻找大象，而是寻找大象留下的踪迹，如变平的草地、水坑处的脚印或被啃过的树皮，这些踪迹表明此处可能曾有象群出没。换句话说，勘探的任务就是寻找反常现象。地质学家不是在寻找银，而是在寻找可能表明含有银的液体存在的迹象。例如，当这些液体渗入包裹着银矿石或铅矿石的石灰石时，石灰石就变成了白云石，白云石是一种更轻、质地更粗糙的岩石。[9]

地质学家在地球表面可以观察到一些变化，另一些变化则是从太空探测到的。火山岩中含有石英和长石，它们很容易被热液分解成黏土，因此火山岩中存在某种黏土矿物，这可能就是贵金属的"地球物理特征"。

为了识别这些蚀变岩石，地质学家会运用卫星图像等手段来捕捉不可见光，地球表面的不同特征会显示不同的波长。这些信息会通过五光十色的地图呈现，在这些地图上，地球表面会被完全不同的光线描绘出来。例如，把内华达州戈德菲尔德和托诺帕这两个历史悠久的金矿和银矿区的黏土蚀变火山岩分别用鲜红色和绿色来表示。[10]就这样，在地图上通过野兽派画家喜欢的色彩，把有着数百万年历史的热液管道系统与太空时代的技术结合在了一起。图1-5是内华达州戈德菲尔德和托诺帕的陆地卫星图像。

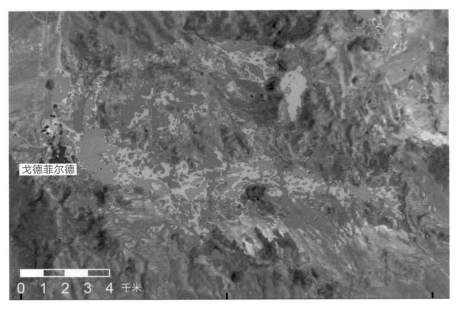

图 1-5 戈德菲尔德和托诺帕的陆地卫星图像

银的开采和提炼

　　勘探只是成功开采银矿的第一步，开采前还必须考虑许多政治、经济和环境方面的因素。根据矿石的位置，银矿要么露天开采，要么地下开采。如今，露天矿场的景观都已经过彻底改造，看起来就像东南亚广袤的、收割后的稻田。图1-6是位于内华达州的科尔-罗切斯特露天矿场（Coeur Rochester）。由于历史悠久的地下矿井往往会成为旅游景点，因此许多人对地下矿井更为熟悉。地下矿井要通过竖井或水平坑道进入，水平坑道是在山坡上挖掘的隧道。最早的银矿形式是矿坑或矿沟，开采时只需去掉地表的沉积物。凿井也是一项古老的技术，古埃及人在努比亚沙漠开采金矿时，会凿出井壁上带有立足点的圆形竖井，竖井的深度有时可达30米，[11] 而古罗马时期的竖井深度可达 200 米。在工业革命时代，随着蒸汽动力水泵和将矿石运送到地表的升降机的发明，竖井的深度进一步增加。如今，这个地下的庞然大物继续向纵深发展。在爱达荷州锡尔弗瓦利的一个名为"幸运星期五"（Lucky Friday）的矿山中，竖井的深度达到了 2.6 千米。

图 1-6　科尔-罗切斯特露天矿场

　　从矿山开采出来的矿石需要经过多次提炼，才能得到贵金属。银通常与铅和锌结合在一起。硫化矿石可以通过浮选工艺进行处理，浮选通常在选矿厂就地进行。提取贵金属的第一步是将大块岩石磨成粉末，将矿石粉末与水混合形成矿浆，在浮选槽中用化学物质进行处理，将矿物分离出来，然后将银铅精矿运到场外的冶炼厂，在那里对银进行精炼。图 1-7 是蒙大拿州锡尔弗博县比尤特矿区的井架，上面包括运输矿工、设备和矿石的升降装置，以及用来储存刚刚开采出来尚未加工的矿石的矿石仓。

图 1-7 比尤特矿区中包括升降装置和矿石仓的井架

　　分离矿石的另一种方法是通过堆浸工艺来进行，这需要面积较大的场地。浸垫可能占地数千亩，而且基本上是用黏土做铺垫的塑料衬垫。先将矿石层层倾倒在这些衬垫上，并用氰化物溶液喷淋矿石堆，将银和金溶解出来形成富液，然后收集和处理这种富液混合物，用以提取贵金属。

　　图 1-8 是内华达州科尔-罗切斯特露天矿场的堆浸工艺加工设备。

图 1-8　科尔-罗切斯特露天矿场的堆浸工艺加工设备

吕底亚的"金银合金"，西方最早的硬币

　　矿石的加工、提炼和提纯是一个漫长的过程，可能涉及不同国家的多个工厂。考虑到这种工作的复杂性，当购买银作为投资或装饰品时，我们如何才能对银的纯度充满信心呢？若你买到了一根 100 克的 999（纯度为 999‰）银条，上面印着的序列号就能保证其纯度，在英国，银条的纯度由英国皇家造币厂的法令来保障。在世界各地，鉴定工作往往由最高权威机构负责。从银被当作财富储备以来，人们就采取各种巧妙的措施来保证其纯度了。今天我们已经知道，西方已知最早的金属货币来自古代的吕底亚，它位于今天的土耳其境内。这种货币是由一种被称为"金银合金"的金银混合物制成的。从现存的公元前 7 世纪的硬币可知，吕底亚人制造了几种面值的硬币，这些

硬币的重量和纯度一致，正面有压模图案，背面有冲压痕迹。这些硬币上的狮子图案告诉人们，它们可能源于皇家造币厂，这样其纯度就有了进一步的保障。

今天我们有理由认为，随着时间的推移，各个文明对于银器加工会有自己的质量保障体系。例如，拜占庭皇帝阿纳斯塔修斯一世建立了在银币上盖章的制度，这样可以为银币的质量提供官方认证，同时也便于计算应缴税款。不过，这一制度后来失效了，很可能是因为帝国的行政力量衰落了。

我们现在熟悉的金银纯度标记曾是西方中世纪的一种惯例。事实证明，这种标记十分有用。这种标记就像是一个复杂的全球定位系统，人们可以根据标记辨别出银器的产地。另外，这种标记还带有时间坐标，对历史学家来说，它汇聚了大量信息。目前广泛使用的另一种银含量标准为含925‰的银和75‰的其他金属（比如铜），这一标准是12世纪和13世纪使用的古老的欧洲标准。[12] 在英国，金银纯度标记的历史可以追溯至13世纪。当时，一小群伦敦金匠受官方委托制定金银纯度的标准。

当然，金银纯度标记并非起源于英国，法国较早使用的金银纯度标记是城镇标志和制造商的标志。英国金银纯度标记制度的美妙之处在于简洁，因此沿用至今。早在1300年，英国就采用了豹头标记，该标记至今仍用于标记伦敦金匠公司检测办公室测定的银、金和铂金的含量。1327年，英国国王爱德华三世授予金匠行会皇家特许状，确定了其在鉴定纯度和确定标记方面的权威地位。金匠行会就是后来的虔诚金匠公司（Worshipful Company of Goldsmiths），简称金匠公司。英国后来的法令要求制作者在器物上添加自己独特的标记和制作日期，日期用字母表中的一个字母表示，其风格以26年为周期发生变化。[13]

检测鉴定至今仍是金匠公司的特权，hallmark（标记）一词巧妙地表达了金匠公司和贵金属二者的共生关系。该词指的是伦敦的金匠大厅，工匠们把他们的作品带到那里进行鉴定和标记。自1999年起，英国的银质标记必须由3个部分组成：检测办公室的标记，如豹头标记代表伦敦的金匠公司检测办公室，锚标记代表伯明翰检测办公室，玫瑰标记代表谢菲尔德检测办公室，三塔城堡标记代表爱丁堡检测办公室；纯度标记，纯度可以标记为800、925（斯特林银）、958（不列颠尼亚银）或999；赞助商或制造商标记。图1-9是海丝特·贝特曼（Hester Bateman）制作的带标记的银质扦子。

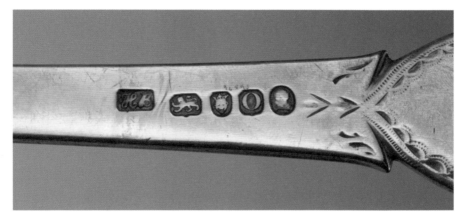

图1-9　带标记的银质扦子

注：此银质扦子的制作时间为1789年至1790年。

一种非常古老的鉴定银纯度的方法是在黑色试金石上摩擦物品，并将摩擦痕迹的颜色与已知纯度的样本进行比较。更精确的分析则可以通过另一种古老的灰吹法来实现，即先在熔炉中加热小份样本，然后将提取出的银的重量与原始样本进行比较。最近流行一种非破坏性的方法，那就是使用X射线荧光光谱仪来确定银制品中每种元素的确切含量。一旦确定了纯度，就可以用钢冲和锤子这样的传统工具对物品进行手工标记，也可以用激光将图案蚀刻在物品表面。

每个国家都有自己的惯例，但在欧洲人们通常会信任金匠做的标记，这样既能确保国家货币的纯度，又能保障消费品的完整性。在文艺复兴初期的意大利，金匠不仅是工匠，还是公务人员。他们监督造币厂的运作，有时还监督硬币的流通。[14] 金匠的标记既是物品纯度的保证，也是金匠诚信的保证。

金银标记记录了政治的动荡、边界的重塑、城市的阴谋和个人财富的兴衰。这些微小的、有时几乎难以辨认的标记反映了一个重要的事实，即人类社会在不断变化。迄今为止，我们已经确定了数以万计的标记，每天还有新的标记不断被添加到世界各地发布的在线数据库和目录中。比如，奥地利的一件银器上印有戴着新月王冠的月亮女神狄安娜的头像，由此我们可以得知，这件作品创作于强大而人口众多的奥匈帝国短暂的繁盛期。因为在1867年，奥匈帝国正处于哈布斯堡王朝①的统治下，该王朝为这个多民族国家建立了统一的标记体系。字母用来表示做出鉴定的城市，例如，A 代表维也纳，L 代表卢布尔雅那，M 代表的里雅斯特，P 代表佩斯，V 代表萨格勒布。第一次世界大战结束时，奥匈帝国崩溃，这些字母所代表的城市突然间分崩离析。1922 年，面积大幅缩减的奥地利共和国推出了新的标记，用略微卡通化的戴胜和巨嘴鸟取代了狄安娜。

俄国的标记仅沿用了 9 年，为了彻底改造比较繁琐的标记体系，沙皇尼古拉二世引入了一个侧脸女性的标记：这位女性面朝左侧，头戴俄国传统的科科什尼克（kokoshnik）头饰。这个标记从 1899 年一直沿用到 1908 年，后来被面朝右侧的头戴科科什尼克头饰的女性标记替代。图 1-10 是这一时

---

① 哈布斯堡王朝是欧洲历史上统治疆域最广的王朝，曾统治神圣罗马帝国、西班牙帝国、奥地利帝国、奥匈帝国。——译者注

期制作的银质餐叉。回溯这段历史，我们可以有很多发现。在这几年里，契诃夫的《樱桃园》（*The Cherry Orchard*）出版了，该书以辛辣幽默的手法描写了贵族的衰落，那是一个时代终结的序幕。1927 年后，苏联的标记是一名手持锤子的工人，他面朝右侧，展望未来。

图 1-10　银质餐叉

注：餐叉顶部有科科什尼克标记，表明其制作于 19 世纪末至 20 世纪初俄国统治下的华沙。

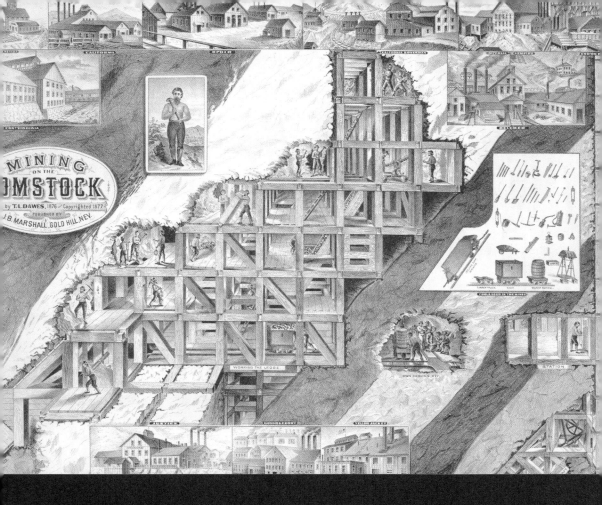

第 2 章

哪里有银矿，哪里就有奴隶

从挪威到新西兰，从阿拉斯加到阿根廷，这些地方都有银矿。阿根廷这个国家的英文名称来自拉丁语，意思就是"白银之地"。这些银出现在截然不同的地貌和地形中：它们可能出现在白雪皑皑的安第斯山脉的顶端，可能出现在湿漉漉的苏格兰林地，可能出现在日本某个岛屿竹林密布的山上，也可能出现在干旱的澳大利亚内陆。

人类运用自己的聪明才智把银从这些地方开采出来。银的形成要经过数亿年的自然过程，这个过程会影响地形，但人类也可以通过各种发明重塑地形。银矿景观是技术景观，除了开发现有技术，银矿开采还催生了开采和加工矿石以及提炼贵金属的新方法，而这一切行为都会改变地形。

从利用技术、重塑地形、消耗能源以及引入汞和氰化物等有毒化学物质方面来讲，银矿景观是破坏性的景观，其对土壤和水的影响范围可绵延数千米，影响几代人。开采作业是个破坏性的过程，无论开采作业停止后的复垦工作多么成功，环境都已经不可避免地发生了变化，而且永远无法恢复到最初的状态。与地球上的某些事物一样，银是来自远古恒星的"核废料"，这些恒星早在地球诞生之前就已经死亡了。[1] 为了不对人类的生存环境造成太大的破坏，银矿景观还需要我们去努力恢复。图 2-1 为 1898 年至 1905 年的美国科罗拉多州阿斯彭的银矿。19 世纪的采矿活动破坏了这片土地。

图 2-1　阿斯彭的银矿

马克·吐温：要有金矿才能有银矿

最早的银矿景观其实是铅矿景观。事实上，最早的开采活动开采的根本不是金属，而是用来制造工具的燧石和黑曜石。金属开采可能是这类开采活动的延伸，是从开采岩石和矿物的实验中发展而来的。[2] 在古代，大多数银来自方铅矿，即硫化铅，这是地球上最常见的含铅矿物。方铅矿通常含有足量的银，因此可以通过开采方铅矿得到银这种贵金属。方铅矿有着暗淡的光泽，看起来像水晶，外形像是被拧开的魔方，而且出奇地重，虽然看起来并不像银，但足以激发人们的好奇心。从公元前 7000 年起，人们就在安纳托利亚（即现今土耳其的大部分地区）开采铅。铅的一个来源是富含矿物质的托罗斯山脉，该山脉位于安纳托利亚高原的南部边界。人们运用冶炼的方法，在木炭或干柴火上焙烧矿石，就可以很容易地把铅从方铅矿中提取出来。今天的人们曾在安纳托利亚发现了公元前 7000 年的铅珠，铅饰品那时被作为奢侈品使用。铅的冶炼可能推动了对银的开采，但是直到几千年后，人们才真正开始开采银。

近年来，在安纳托利亚、美索不达米亚和巴勒斯坦都发现了含有微量铅的银制品，这些银制品的历史可以追溯至公元前 4000 年。在方铅矿的冶炼过程中，银会与铅一同流失，于是就要使用灰吹法将这两种金属分离。使用该方法时，需要将银和铅的熔融混合物置于坩埚中，并在高温下吹入空气，这样铅和其他杂质就会被氧化，最后留下银。这种早期的精炼技术被持续使用了数千年，而且这一过程和冶炼一样，经常在古代矿场附近的作坊中进行。

图 2-2 是美国蒙大拿州锡尔弗博县比尤特矿区的凯利矿（Kelly Mine）。采矿将"地球上最富饶的山"变成了污染严重的热门淘金地，清理该地区需要花费高昂的费用。近年来，人们一直在努力将环境保护和旅游融入历史悠久的采矿环境中。

图 2-2　凯利矿

　　爱琴海的基克拉泽斯群岛上的工匠在公元前 3000 年就能制作具有艺术美感的银制品了。如今，这些希腊岛屿以其标志性的白色村庄和环绕海滩的碧绿海水而闻名，但从青铜时代早期开始，这里就拥有几个小型方铅矿。古希腊历史学家希罗多德写到，在公元前 1000 年中期，基克拉泽斯群岛中的基莫洛斯岛拥有最丰富的矿藏，岛上的人们用开发这些矿藏获得的财富在德尔斐圣地建造了一座大理石宝库，用于存放宗教祭品。[3] 今天在这些岛屿上仅存的几只精致手镯和雕刻精美的碗，反映了基克拉泽斯群岛丰富的文化和早期先进的冶金技术。图 2-3 为制作于公元前 3200 年至公元前 2200 年的基克拉泽斯早期的银碗。

图 2-3　基克拉泽斯群岛上早期的银碗

　　基莫洛斯岛上的矿藏可能很丰富，但受地理位置和技术方面的限制，那里的矿山规模很小。然而，在罗马帝国时期，西班牙安达卢西亚的力拓矿山（Rito）等古老的矿山却规模巨大。如今，"力拓"这个名字让人想起英国和澳大利亚合资的世界矿业巨头力拓集团，该集团在 19 世纪收购了位于西班牙的这处矿山，并将其打造成世界领先的铜生产商。

　　力拓集团财力雄厚，矿产资源有时隐藏在景观中，需要开采者综合运用知识、直觉、耐心和运气将其找出来，但有时它们就位于地表，对那些寻找矿藏的人来说，矿山的景色一定非常迷人：岩石嶙峋的山坡上布满了铁灰色、蓝色和深红色的条纹，河流也被铁染成了铁锈红色。这里吸引了黄铜时代从事富铜矿石开采行业的人的注意，很多大型矿山的历史可以追溯至公元前 7 世纪，但大规模开采始于公元前 206 年。当时，罗马人在击败迦太基统治者后占领了该地区，并迅速把这里变成了古代最大的矿山。[4] 图 2-4 是位于西班牙安达卢西亚的力拓矿山的景观，数千年来，采矿的副产品使河流中的水变成了代表酸性的红色。

图 2-4　力拓矿山的景观

在接下来的几个世纪里，罗马工程师建造了深入地表以下 135 米的竖井系统。这些竖井需要通风和排水系统，人们从竖井遗址挖出了抽水装置的残骸，这些抽水装置的轮子是通过踏车来驱动的。由于罗马官僚机构的工作效率不高，因此矿山由劳工阶层的专业管理人员经营。这些经营者有些是熟练的专业矿工，也有许多是奴隶。其中有些人过着舒适的生活：力拓矿山有罗马大城镇才有的奢侈品——浴室、陶器和宽敞的墓地。然而，那里大部分奴隶的脖子被锁链锁着，在他们短暂的生命结束后，尸体被扔在矿渣堆上。

清晰、有效的知识传播可以促进技术进步。分享采矿知识的人既不是工程师，也不是矿山管理人员，而是一位医生。1527 年，乔治·阿格里科拉（Georgius Agricola）来到捷克约阿希姆斯塔尔当医生，这座波希米亚的山城（今捷克亚希莫夫）10 年来一直是高产的银矿开采中心。随着人口的迅速增长，来自欧洲银行的投资源源不断，政府每年发放 600 ～ 800 个采矿许可证。[5] 约阿希姆斯塔尔造币厂于 1519 年或 1520 年开始铸造硬币，它的产品中最著名的是一种高价值的银币，被称为"约阿希姆斯塔尔币"（Joachimsthaler），简称"塔尔币"。欧洲大部分地区都在效仿制造这种货币，在英语中，人们称其为"美元"（dollar）。

阿格里科拉曾在德国莱比锡大学学习古典文学，后来做了几年拉丁语和希腊语老师，然后又改学医学。作为一名人文主义学者，他承担起了对当时采矿和冶金知识进行编目和传播的艰巨任务。他的开创性著作《论矿冶》（De re metallica）在他去世后不久的 1556 年出版，这本书的写作素材源于他毕生对矿山的观察、他自己获取的第一手资料、他与工程师和矿工的交流，以及他努力熟悉的那一时期的相关研究。该书以当时的国际学术语言拉丁语出版，并配有 292 幅木刻插图，这样可以尽可能清晰地广泛传播当时的矿业技术成就。图 2-5 是《论矿冶》一书中的机械水力泵插图。

阿格里科拉是文艺复兴时期真正的思想家，他驳斥民间信仰，支持科学观察。例如，他拒绝采用当时普遍的做法——把榛树枝用作占卜棒来探测银。根据阿格里科拉的说法，一位严肃认真的勘探者不应该相信"魔法树枝"，而应该亲自去实地考察地貌，观察风暴、侵蚀或火灾后地形和植被的变化，这与现今地质学家在野外进行的系统观察已经没有太大区别。他还认为，金属是由岩石裂缝中的流体沉积而成的，这一观点显然是对现代热液矿床理论的一大贡献。

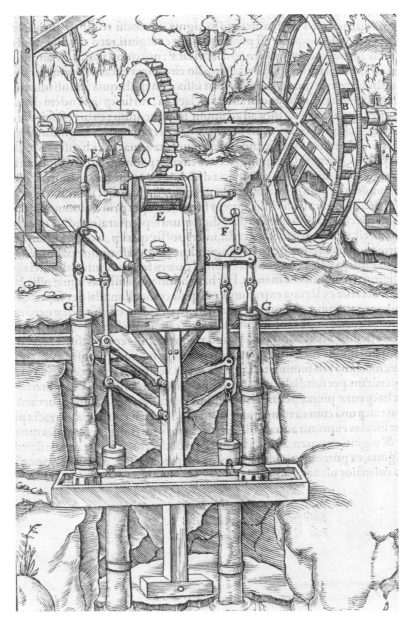

图 2-5 《论矿冶》一书中的机械水力泵插图

人们正是通过这位约阿希姆斯塔尔艺术家绘制的木刻插图，深刻了解到文艺复兴时期大规模采矿对当地景观造成的影响。这些插图有很多是横截面图，详细描绘了地下坑道、竖井和地面上繁忙的景象。阿格里科拉提供了几种技术，用于解决从地下矿井抽水这一古老的问题。技术含量较低的解决方案包括利用以曲柄操作的绞车手动将水桶从竖井中拉起，以及利用通过马踩动踏板获得动力的踏车；复杂的解决方案包括使用轮式三吸泵。作为一名医生，阿格里科拉无疑对恶劣空气给矿工健康造成的影响感到担忧，因为恶劣空气可能会使矿工窒息或中毒。他建议利用木制风扇结构给竖井送风，以及采用大型皮风箱系统来通风。

矿石的研磨、冶炼和精炼一般在矿山附近进行，这需要用到磨粉机、熔炉（有些是复杂的多室结构）和处理槽系统。在这种产业规模下，采矿景观是由烟囱、火光、烟尘和化学烟雾构成的地上景象。许多木刻插图描绘的活着的树木很快成为过去，难觅踪迹，因为制造采矿设备和工具需要木材，矿石的加工过程中也需要燃烧木材。约阿希姆斯塔尔附近的山丘很快就被夷为平地，到了 16 世纪 40 年代，一直延伸到如今德国萨克森州边界的森林也被砍伐殆尽。

采矿带来的长期影响就是森林遭到砍伐，这种影响有时会跨越州和国家。砍伐森林有时是为了开辟位于不同大陆上的矿山。19 世纪下半叶，位于如今美国内华达州的卡姆斯托克矿脉为美国西部的经济发展贡献了大量白银，但也耗尽了西部的森林。"卡姆斯托克矿脉可以说是内华达山脉森林的坟墓。"卡姆斯托克的记者丹·德·奎尔（Dan De Quille）写道。他提请公众注意伴随经济繁荣而来的环境恶化。[6] 矿脉每年会吞噬 2 400 万立方米的木材，在德·奎尔看来，这场灾难可能会误导未来的地质学家，使他们认为由此产生的煤田是由湖底的大量浮木形成的。

德·奎尔描绘了一幅错综复杂的景象：巨大的水槽将山坡上的木材厂和

山坡下方 3 千米处的山谷连接起来。如今，主题公园的"激流勇进"项目以柔和的缩微模型模拟了这一疯狂的现实。

砍伐木材虽然具有破坏性，但木材却挽救了许多生命。塌方是采矿过程中可能发生的最严重的安全事故之一，而卡姆斯托克的岩石易碎、易移动，这又加剧了塌方的可能性。年轻的欧洲工程师菲利普·戴德斯海默（Philip Deidesheimer）设计了一个彻底改变安全标准的解决方案，他曾就读于德国著名的弗赖贝格工业大学，这是一所历史悠久的大学，其早期课程深受阿格里科拉作品的影响。戴德斯海默受蜂巢结构的启发，发明了一个以立方体形状堆叠木材的系统，该系统后来被称为"方形木支架"，这些模块化的木支架结构使矿工能够在卡姆斯托克矿脉所特有的宽阔地形中安全地挖掘丰富的矿藏。图 2-6 是 T. L. 道斯（T. L. Dawes）于 1876 年绘制的石版画《卡姆斯托克地区的采矿作业》（*Mining on the Comstock*）。

图 2-6　石版画《卡姆斯托克地区的采矿作业》

卡姆斯托克的另一位记者就是年轻的马克·吐温，他是德·奎尔的同事。短暂的矿工生涯使马克·吐温熟悉了广阔的地下木材世界，这个世界就像"某个巨大骨架上被剔得干干净净的肋骨和骨头"。[7] 绵延数千米的木材将矿井变成了一座地下城市，这里有林荫大道，高耸的空间比任何城市的大教堂都要高。马克·吐温引用了一句西班牙谚语"要有金矿才能有银矿"，这句话恰如其分地描述了不久之后在世界的另一端，在与任何矿山一样偏僻的地方所发生的事。

在澳大利亚新南威尔士州内陆，尘土飞扬、烈日炎炎的平原上，巴里尔山脉就像光滑的纸上的一道折痕。尽管地处偏远，但早期的勘探者还是发现这些山脉大有发展前景：白色的石英石闪闪发亮，岩石上点缀着诱人的绿色。十九世纪七八十年代，陆续有报道称此处有铜矿和银矿。这里有一条长长的、低矮的山丘，名为布罗肯山，山丘的顶部有 1 000 米长，戴着一顶由锰和铁氧化物构成的"铁帽"。对那些渴望获得银的人来说，这似乎很令人失望，但乐观的勘探者仍在继续探索。

几年后，他们在黏土中发现了一些有价值的银矿，这一发现开启了开采热潮，数千人涌入营地。但对突然涌入的人群来说，布罗肯山干旱的气候和偏僻的地理位置几乎已经预示开采不会成功。这里缺水，卫生条件差，伤寒肆虐，竖井和隧道是用会迅速腐烂的本地桉树加固的，如同死亡陷阱一般。但矿主们非常明智，他们向美国内华达州的同行寻求指导，并从卡姆斯托克高薪聘请工程师和矿工。这些人在布罗肯山的坑道内建造了方形木支架，从而保护矿工不被摇摇欲坠的岩石砸伤。建造方形木支架的木材并非来自澳大利亚，而是来自美国。[8] 一艘艘装载着俄勒冈松木的船只从美国西海岸港口出发，穿越太平洋和赤道，到达澳大利亚的内陆矿山。尽管布罗肯山是世界上银、铅、锌储量最丰富的地区之一，但用一种比喻的说法就是，它需要一座金矿来运营。

矿井之下，神明的世界

地下银矿工作条件恶劣，那里阴暗、嘈杂、炎热、潮湿、危险。在地表以下一千米处，温度很容易攀升到50℃，矿工在地下采矿时面临的危险包括中暑、塌方、接触砷和汞、一氧化碳中毒、火灾、设备事故、热水烫伤，以及吸入悬浮在空气中的二氧化硅粉尘对肺部造成损伤等。采矿业因此形成了各种不同的信仰，也总结了大量实践经验，来帮助人们在找到宝贵资源的同时确保矿工在矿井内的安全。图 2-7 是美国蒙大拿州比尤特矿区将矿工运送到地下的轿厢，该轿厢悬挂在獾州[①] 矿井井架下方。在许多文化中，人们都相信地下领域是神圣之所，那里与地上的世界截然不同。[9] 人们相信在这里，地下的神明将指出隐秘的金银矿脉所在。例如，在法国布列塔尼的菲尼斯泰尔，据说一位仙女曾带领人类找到了凯尔特人和罗马人开采过的富含银的铅矿。然而，这些地下神灵是有迫切需求的，他们需要人们的持续关注，并且经常赠送礼物来安抚他们。为了安抚他们，神殿通常就建在矿区附近。人们在提姆纳和西奈沙漠的矿区附近都发现了埃及矿工们供奉的女神哈索尔（Hathor）的神龛。

日本最富饶的银矿是位于本州岛的石见银山（Iwami Ginzan），图 2-8 是位于日本本州岛的石见银山遗址，该矿从 16 世纪到 19 世纪都在出产银。在传说中，该银矿也是在神灵的指引下发现的。16 世纪初，富商神谷寿祯在日本海航行时，被一道圣光吸引至山间，随即发现了该银山。[10] 石见银山一度成为世界上最高产的银矿之一。17 世纪初，其产量达到顶峰，所开采的银占全世界产量的 1/3。该矿区有约 150 个村庄，银的开采与当地村民的日常生活和宗教活动紧密联系在一起。

---

① "獾州"是美国威斯康星州的别称，因为早期在此地工作的矿工多住在矿井中，或者在山坡上挖窑洞安家，就像獾一样。——译者注

图 2-7　运送矿工的轿厢

图 2-8　石见银山遗址

　　除了佛教寺庙外，石见银山的坑口附近还设有许多神殿，分散在通往航运港口的运输路线上。寺庙里供奉着矿山的守护神，而神殿内供奉的神明的守护作用则更为明确、具体。例如，人们设置有些神殿是用于祈求避免发生火灾，设置有些神殿是用于祈求供应健康的饮用水。在运送银去往韩国乃至中国的港口，还设有海上安全神殿。这些寺庙和神殿在采矿业中扮演着不可或缺的角色，而且一直都是举行大型节日庆典的场所。

　　最令人生畏的超自然银矿景观可能位于玻利维亚境内安第斯山脉的波托西地区的银矿中。从 16 世纪中叶起，波托西就被西班牙殖民者占领。17 世纪初，它可能是世界上最大的工业城市，为西班牙成为世界强国提供了资金保障。波托西坐落于塞罗里科山（也被称为"富山"）山脚下，是世界上海拔最高的城市之一，4 090 米的海拔让人透不过气来。地质学解释了圆锥形的塞罗里科山因火山喷发而被人发现银矿的过程：这座山的岩芯里流淌着富含银和锌的热液，火山喷发时，岩石的穹顶暴露出来，露出了环绕着这座山的大量银脉。[11] 图 2-9 是 2007 年玻利维亚的波托西的景观。

对居住在安第斯山脉的克丘亚印第安人（Quechua Indians）来说，这个奇异的圆锥体是超自然的。在他们的宇宙观中，山脉是孕育人类的创造者的圣地。"波托西"可能源自经常席卷山脉的灾难性风暴，也可能源自克丘亚语中表示雷声的词。"波托西"也与当地的一个传说相对应，该传说提到了一种雷鸣般的声音，警告人们远离山上的财富。因此，对这座山的破坏是对当地人信仰的亵渎，必须严肃认真地安抚主宰山的神明，才能避免被降罪。

从"矿坑大叔"（El Tío）身上可以看到这种安抚行为。在塞罗里科山的每个矿井里，他的坐像都被安放在由灯笼照亮的壁龛中，灯笼发出的光亮并不让人觉得宽慰，反而让人觉得阴森恐怖。虽然 El Tío 在西班牙语中意为"叔叔"，但这座怪异而丑陋的雕像并不招人喜欢，相反，它着实令人感到恐惧。"矿坑大叔"眼睛上方的犄角扭曲着，眼睛直视着"吃人的矿井"。乍一看，他嘴里似乎满是獠牙，但这其实是他乱糟糟的胡子下面的嘴里塞着的香烟。他的膝盖上堆满了来访者赠送的白兰地和朗姆酒，用来满足他对贡品贪得无厌的渴求，而古柯叶（当地矿工靠咀嚼古柯叶来对抗饥饿和疲劳）可以平息他好斗的情绪。

在地面上，波托西的景观由于风蚀作用，呈现一派凄凉的景象。具有讽刺意味的是，波托西现在是世界上最贫穷的城市之一。这里到处都是暗褐色的低矮房屋，中间夹杂着许多殖民时期修建的尖顶和圆顶教堂以及修道院。

图 2-9　2007 年玻利维亚的波托西的景观

　　波托西是一座充满罗马天主教历史印迹的城市：用山上开采的银来装饰教堂，并且将银保留在当地镀银的圣母和圣婴像中，这些圣像的外形就像塞罗里科山的三角形状，但也有一些银已经被转运到国际市场。

　　矿工们生活在一个更具摩尼教风格的世界里。虽然矿井入口处有十字架，矿工们在离开家时也会在自己身上画十字来祈祷，但他们一旦进入地下矿井，就来到了矿山之主恶魔"矿坑大叔"的统治下：

在矿井外，人们相信上帝是人类唯一的救世主，但进入矿井时，情况就发生了变化。我们进入了魔鬼撒旦的世界，我们向他求情，有时跪在地上为他点蜡烛。所以，我们的信仰被一分为二，好像处于两个世界中。[12]

在这种世界观的影响下，上帝和"矿坑大叔"都需要被安抚。在2005年拍摄的纪录片《魔鬼的银矿》（*The Devil's Miner*）中，14岁的巴西利奥·瓦尔加斯（Basilio Vargas）是矿井里约800名童工中的一位，他说："只有魔鬼慷慨，才会给我们好银矿，并让我们活着出去。"富矿的时代早已一去不复返了，有时只送给"矿坑大叔"酒和古柯叶作为礼物是不够的。每年8月初，人们还会给"矿坑大叔"额外送去一头骆驼。[13]在这些日子里，最令人震惊的是矿工们拥有两种截然不同的信仰：他们在教堂做完礼拜后，就返回矿井供奉"矿坑大叔"，并屠杀一头骆驼。骆驼的血在逾越节[①]火热的气氛中被洒在矿井入口处，溅到十字架上。"没有这些祭品，他会杀了你，并拿你的血肉当祭品。"

波托西地面上的一个显著特征是到处都是墓地。据估计，这些矿山已造成800万人死亡。墓地里到处都是混凝土纪念碑，上面竖立着简易十字架。波托西矿井内部的景象令玻利维亚当代作家维克托·蒙托亚（Victor Montoya）触目惊心，引起了他对矿工的深切同情。作为土生土长的波托西人，那里恶劣的环境使他成为一名政治活动家和改革倡导者。在写给"矿坑大叔"的一篇文章中，他承认，矿工们过着恐惧且迷信的生活，他们也迷恋"矿坑大叔"："我有种可怕的感觉，你在追逐我，好像你是我的影子，有时候你比《浮士德》中的梅菲斯特[②]离我更近。"[14]

淘银热与投机

有一些银矿非常高产，而其他一些银矿的产出却微乎其微。纵观金属开采的历史，矿山有开采前景，就会吸引人们大量涌入，从而推动新兴城镇建设，促进当地的财富积累和经济转型。但历史上因开采银矿而富裕起来的人，远远少于因投资不利而失望、沮丧甚至破产的人。在银矿开采热潮的历

---

① 逾越节是犹太教的主要节日之一。——译者注
② 梅菲斯特是歌德所著的《浮士德》中的魔鬼。——译者注

史中，可能有令人振奋的"发财"故事，但更多的是悲剧和损失惨重的故事。勘探者、矿工和投资者首当其冲，他们承受了期望落空的打击，在这片土地上留下了他们失望的印记。从澳大利亚内陆到科罗拉多山脉，在世界各地都有被遗弃的"锡尔弗顿"（Silverton）[①]，它们的名字中蕴含着希望，而在它们的旧址上则满是残垣断壁。

人们从美国西部开采了大量的银，这令西部极负盛名。随之而来的是大量的银矿被废弃，这虽然会使洞穴探险者感到兴奋，但会带来公认的环境危害。美国第一次大规模的淘银热始于19世纪50年代。1848年，在"萨特的磨坊"（Sutter's Mill）发现金矿后，来自东部各州和海外的勘探者逐渐聚集到加利福尼亚州（下文简称"加州"）。对于银矿开采而言，随着1859年位于如今内华达州的富饶的卡姆斯托克矿脉的开采，银矿开采迎来了繁荣发展时期。从卡姆斯托克和其他西部矿山开采出来的银，使得旧金山和其他地区富裕起来，并在美国西部引发了勘探和股市投机的热潮。卡姆斯托克的繁荣使内华达州和加州的其他小型采矿企业黯然失色。但就像炸药在隧道中爆炸产生的回响一样，这些小型采矿企业也在重复着同样的发展历程。随着矿业公司的建立，山坡上驮着矿石的骡队越来越多，越来越多的人相信，只要有一点勇气和现金，任何人都可以发财致富。

适宜的地质环境为矿山开采创造了条件，同时也能证明矿山开采的毁灭性影响。如果银聚集在靠近地表的沉积物中，风化和侵蚀作用使得银暴露在外，会令人们误认为银的储藏量非常丰富，但实际的储藏量通常远远没有看起来那么多。而且开采了这种"地势低洼的银矿"后，矿井很快就

---

① 锡尔弗顿是美国科罗拉多州圣胡安县的一座小城，自19世纪中叶在此发现银矿之后，世界各地想发财的人纷至沓来，最发达的时候，小城人口有3 000多人。银矿枯竭之后，小城便日渐凋零。20世纪后期，小城停止了一切矿业开采活动，变成旅游城市。Silverton这个名字源于Silver by the ton（成吨的银子），因此有人戏称它为"银吨"。从小城的英文名字中，人们大概也能窥见它曾经的辉煌。——译者注

会塌陷。此外，在地震频发的加州，矿山的裂缝和断层很多，这使得矿工极难追踪银脉。因此，尽管在建矿初期投入了大量的资金，很多矿山后续也可能无法运营。

加州现在有近 4 万个废弃的矿井，其中大多数是金属矿。许多矿井在创建后不久就被发现其中的矿物储量不足，因而遭到废弃，其他矿井则在 19 世纪末银价暴跌时被关闭了。加州也许是"黄金之州"，但其景观令人感到颓唐：干旱的山上布满了废弃的竖井和廊道。峡谷中有些小镇，这些小镇建立于淘银热时期，但淘银热并没有使它们实现可持续发展。

锡尔弗拉多（Silverado）就是这样一个小镇，它建于 19 世纪 70 年代，坐落于加州南部、洛杉矶东南方向 80 千米处的圣安娜山脉山脚下的峡谷中（图 2-10 是加州圣安娜山脉的锡尔弗拉多小镇如今的面貌）。"锡尔弗拉多"这个名字本身就暗示了太多的希望和错误的判断，而这又源于人们对西班牙殖民者理想中的"黄金国"（El Dorado）①、"黄金城"、"镀金王国"或"黄金之城"的曲解——西班牙殖民者在南美洲苦苦寻找黄金，但徒劳无获。

这个小镇最初并不叫锡尔弗拉多，在矿山开发前，它在西班牙语中被称为 Canon de la Madera，意为"木材峡谷"。在此之前，当地人一直用通瓦语（Tongva）和阿哈氏门语（Acjachemen）② 中的词来表示对即将流离失所的原住民来说意义重大的村庄和地方，但 19 世纪 70 年代是被人们寄予厚望的年代，因此就有了"锡尔弗拉多"这个名字。这个名字并不是独一无二的，在旧金山北部的圣赫勒拿山的山坡上，也曾有过一个名为锡尔弗拉多的小镇，但它因未能繁荣发展而很快就被废弃了。

---

① "黄金国"指旧时西班牙殖民者想象中的南美洲。——译者注
② 通瓦和阿哈氏门均为加州印第安原住民部落。——译者注

图 2-10　锡尔弗拉多小镇如今的面貌

1880 年，经济拮据的英国小说家罗伯特·路易斯·史蒂文森（Robert Louis Stevenson）和新婚妻子范妮在一个废弃的矿工工棚里度过了蜜月。他在《银矿小径破落户》（*The Silverado Squatters*）一书中记述了他和妻子自 1883 年起在旧金山锡尔弗拉多的经历，该地因此声名鹊起，后来成为罗伯特·路易斯·史蒂文森州立公园。

　　加州南部的锡尔弗拉多小镇建于沟壑之间。这里的许多木屋建于二十世纪三四十年代，当时该地区还是一个不大的度假胜地。如今，山坡上弥漫着鼠尾草的芳香和反主流文化的气息，锡尔弗拉多咖啡馆外停着的哈雷摩托车展示着经典的美国西部风情。锡尔弗拉多只是美国淘银热潮史上的小小一笔，因为人们并未在这里开采出多少银，但这里是繁荣与萧条、发现与枯竭、希望与失望循环往复的缩影。锡尔弗拉多的故事展现了银带来的狂热和欣喜，也说明了银具有改变自然和文化景观的力量，以及这些重大变化对日常生活的影响。图 2-11 是 2012 年圣安娜山脉贝德福德峡谷地层的景象。

图 2-11　贝德福德峡谷地层的景象

根据当地的传说，几个淘银者偶然捡到了一块含银的蓝白色石英石，便催生了锡尔弗拉多的淘银热。[15] 在贵金属的开采史上，这样的幸运故事比比皆是。锡尔弗拉多最成功的矿脉的建立就得益于这样的超级好运，这不禁让人联想到好莱坞以锡尔弗拉多作为取景地拍摄的西部电影。但这是一个真实的故事：约翰·邓拉普（John Dunlap）是一名美国法警，他在追踪一名逃到山里的逃犯时来到了锡尔弗拉多。他沿着一条偏僻的峡谷支流追赶逃犯时，偶然发现了银。约翰·邓拉普后来成为锡尔弗拉多矿主，而那个逃犯从此逍遥法外。图 2-12 是邓拉普送给旧金山的好友的矿石样本。

过分强调意外之喜会误导人。在过去便是如此，勘探者们在"大象之乡"淘银时，会搜寻先前采矿活动的地点。当时，西班牙和墨西哥殖民者一直在加州南部的山区采矿，西班牙人殖民该州的一个主要原因就是开采矿产。19 世纪的勘探者有一种直觉，知道该去哪里搜寻，而且他们能够识别方铅矿等常见矿物。他们虽然不具备现在的地质知识，但对可能和银共生的金属（如铅）有一定的了解，而且他们知道最好先从变质岩和火成岩交汇的地方开始搜寻。变质岩是因高温或高压而形成的岩石，火成岩是岩浆冷却凝固后形成的岩石。[16] 锡尔弗拉多周围的峡谷中就有这样一个引人注目的地方，在那里，侏罗纪时期部分变质的砂岩、石英岩、板岩和页岩的共生组合与较年轻的火山

图 2-12　邓拉普送出的矿石样本

岩地层相接，而且这些岩石的共生组合在呈现类似千层蛋糕形态的地方明显可见。

1877 年，人们对第一批有价值的岩石进行分析后，发现这些岩石中含有足量的银，这足以证明开采和精炼的成本是合理的，于是数百名满怀希望的矿工及其家人聚集在锡尔弗拉多峡谷争夺开采权。起初，他们住在帐篷里，没过多久，一个由工棚、旅馆、市场、铁匠铺、酒馆组成的临时城镇就如火如荼地发展起来了。山坡上挤满了骡队，每天还有两辆马车往返洛杉矶。

虽然满怀希望的勘探者和矿工们不乏勇气和耐心，但即便是最简易的矿山开发也需要进行一些投资。美国淘银热的历史与美国西部股票市场发展的历史密切相关。为了为勘探、技术研发和日常运营筹集资金，西部的新矿业公司公开发行股票，有些股票还支付股利，这掀起了一股投机热潮。银行家、牧师、厨师、工人都参与其中。[17] 在欢欣鼓舞的气氛中和监管不力的情况下，滥用行为猖獗。肆无忌惮的股票经纪人利用着经验不足的投资者的天真和贪婪，旧金山证券交易所的创始人因此被称为"四十大盗"。轻信者因为对金融风险几乎一无所知，在他人的游说下便轻易地进行卖空交易和保证金交易。股票经纪人常用的一种伎俩就是利用对股东已持有的股票进行评估这一杠杆来套利，这很像常见的财产税。[18] 在许多情况下，股票经纪人和矿山管理人员只管将现金中饱私囊，而被蒙在鼓里的股东只能选择继续投资以期最终获得回报，当然，他们也可以选择违约。在违约的情况下，他们只能放弃自己持有的股票。

在此期间，旧金山的自杀率几乎翻了一倍，即便是亨利·卡姆斯托克（Henry Comstock）——卡姆斯托克矿脉就是以他的名字命名的，也因投机而失去了所有财富，最后饮弹自尽。回顾过去，统计数据表明，极度兴奋常使人无视基本的常识。

史蒂文森曾在那里度过蜜月的旧金山北部的锡尔弗拉多，其发展历史也充满了欺诈。有一个说法称该矿是个"巨大的骗局"，是为出售一文不值的股票而制造的幌子。据说，到了晚上，人们赶着成群的骡马把装在旧雪茄盒里的银偷运上山，并送进矿井里，然后在矿井里用当地的岩石将银压碎，再将其作为矿山的产物运下山。[19]

在洛杉矶东南的锡尔弗拉多，最成功的蓝光矿（Blue Light）的经营者确实曾试图发行 5 万股股票。第一批股票被矿主和矿山经营者买走，但仅售出了 82 股。[20] 锡尔弗拉多经历了短暂的繁荣，大多数矿工最终在沮丧中放弃了开采，这种情况在整个西部地区不断上演。来自西部矿山的银、金和铜无疑促进了美国的经济发展，并使其所有者跻身美国富豪榜，但这些财富几乎都是由不到 1/10 的矿山创造的。

今日的旅游胜地，昔日的废弃银矿

格陵兰冰盖是一台时间机器，它可以帮助我们回到遥远的过去，了解我们的祖先在过去 9 000 年里呼吸着怎样的空气。虽然现在我们认为空气质量差可能是工业革命带来的恶果，但冰芯样本讲述了一个不同的故事。有毒空气，尤其是铅产生的有毒气体，可以追溯至 2 000 多年前。所有含铅的矿石都有其自身的化学特征，针对格陵兰冰盖的研究表明，在古罗马时代，空气中的毒素曾大幅度增加。通过科学家的科学取证和精准鉴定，研究人员发现，公元前 150 年至公元 50 年，冰芯中 70% 的铅来自力拓矿山。[21] 除了受污染的空气外，古罗马采矿业还留下了数百万吨会污染环境的矿渣，此外，锌、砷和镉还渗入了当地的土壤、河流和地下水中。

力拓矿山的例子表明，银矿会使周围数千平方千米的地区受到污染，而且污染会持续数百年。但即使人们意识到有毒物质存在，那么这些物质也常被认为是经济进步的副产品，至少那些寿命长到经历了这种经济进步的人是这样认为的，而且很少有人对此持反对意见。虽然德·奎尔在19世纪70年代是卡姆斯托克采矿作业的支持者，但他也曾提醒人们，除了砍伐森林之外，采矿作业还有其他副作用。他曾十分困惑，在过去10年里，有700万吨汞进入了内华达州，但这些汞似乎消失不见了。汞被用于从矿石中提取银，这种做法被称为"混汞法"，混汞法可以替代冶炼。据他推断，这些汞并没有在这个作业过程中被全部消耗掉，所以它们一定去了某个地方。100多年后，美国国家环境保护局证实，这个"某个地方"就是卡森河河床。卡森河河床目前仍被汞、砷和锌严重污染，因此被美国国家环境保护局指定为超级污染场所，需要长期进行治理。治理工作由美国国家环境保护局负责，目的是找出并清理污染美国环境的危险废料场所。[22]

后来，美国才立法要求矿山经营者在开采作业结束后恢复当地的生态。直到20世纪70年代，有关采矿的环境立法才有较为严格的要求，在采矿作业开始之前，采矿公司需要制订一份矿场修复计划，并提供一份承诺书，保证资金充足。然而，这并非世界各地通用的做法。即使在发达国家，有时也会因采矿公司破产而导致修复计划最终由公共财政来负担。

一些跨国矿业公司现在把矿场修复工作放在了重要位置，他们随时准备就修复其矿场的计划与各相关方进行沟通交流。曾有两个不同地形的矿山关闭，展现了当矿山的生产年限到期时可能采取的措施。位于新西兰北岛的金十字矿（Golden Cross）是一座金银矿，其经营时间为1991年至1998年。相对于现在的贵金属矿来说，这是座典型的短寿命矿。该矿坐落于怀特卡里河的源头，周围是郁郁葱葱的乡村、连绵起伏的农田和浓密茂盛的森林。在这样一个田园诗般的环境中，修复工作必须同时考虑美学和环境影响问题。

金十字矿既是露天矿，又是地下矿，矿区景观中最煞风景的是个深邃的梯状火山口，那是在一片错落有致的绿色中的一个不和谐的赭色洞口。修复该矿时，人们先把矿坑封盖并种上植物，然后把500万吨矿石废料放入专门设计的处置场，以防止污染物渗入土壤，同时去除尾矿（矿石加工过程中产生的垃圾和废水）中的氰化物，将地表水排回溪流。如今矿区的溪水非常清澈，足以支持当地鳟鱼产业的发展。[23] 图 2-13 是修复后的金十字矿景观。

图 2-13　修复后的金十字矿景观

在新西兰，大自然每年以 3 米的降雨量助矿区修复一臂之力。几年之内，开阔的沟壑就会变成繁茂的牧场和湿地。但是，在智利安第斯山脉海拔4 000 米的埃尔印第欧矿（El Indio），矿区修复面临着不同的挑战。与金十字矿一样，埃尔印第欧矿也是一个露天的地下矿井，但它地处干旱多石的地区，无法通过茂盛的植被再生实现自我修复。更为突出的问题是，在开矿之初，为了给矿山腾出空间，这里的一条河流被人为改道。智利虽然没有像新西兰那样严格的环境立法，但该矿的跨国运营方巴里克黄金公司实施了一项修复计划，为未来的修复工作树立了典范：他们将斜坡进行了加固，将受污染的岩石运走处理，同时恢复了原来的河道。[24]

不过，恢复生态并不是唯一的选择，有时，矿场也有其他用途。位于美国南达科他州的霍姆斯塔克矿（Homestake Mine）以前是一座深井金银矿，现在则是拥有先进的地下研究设施的桑福德实验室所在地。在约 1.6 千米厚的岩石保护下，实验可以不受宇宙射线的影响，物理学家因此可以在十分恰当的条件下探究恒星死亡时的状况。

抛开掠夺不谈，废弃的银矿也可能会有浪漫的诱惑。它们既可怕又诱人，史蒂文森在锡尔弗拉多度蜜月后撰写的《银矿小径破落户》一书就证实了这一点。在他笔下，一条废弃的铁溜槽"就像一个巨大的石像鬼"盘旋在峡谷上空，这个"残骸和铁锈的世界"也是一个可以激发想象力的魔法世界。在废弃矿井林立的地区，当局投入大量精力和费用要么将人们拒之门外，要么邀请他们进来。经历过淘金热和淘银热的加州山区现在到处都是这样的"鬼镇"，这些"鬼镇"已经被改造成旅游景点。典型的游览项目不仅有乘坐嘎嘎作响的矿车游览矿山，还包括酒馆小憩、骡队骑行，以及以枪手、骗子为卖点的"幽灵之旅"。图 2-14 是加州圣贝纳迪诺县的"鬼镇"卡利科。

在提供娱乐的同时，矿场遗址的这种"重建"也具有考古价值。日本石见银山有 400 年的银矿开采史，它靠近本州岛南端，也就是日本海的内陆。这里有 150 个村庄、600 个矿井和矿坑，精炼区、寺庙和墓地的考古遗迹散布在森林密布的山峦和深邃的河流峡谷中。雨水滋润着山坡上茂密的竹子和松树，这些竹子和松树遮蔽了坑道口，也平整了坑道。拱形石桥横跨于山间溪流之上（见图2-15），古老的桥面足够一匹马载着银矿石，朝通往韩国和世界各地的港口驰骋而去。

图2-14 "鬼镇"卡利科

图2-15 石见银山遗址的石桥

石见银山遗址于 2007 年被联合国教科文组织列入《世界遗产名录》。它虽然比名录中的其他遗迹都要隐蔽得多，但在此后的一年里仍然吸引了近百万名游客。通常情况下，那些为发展旅游业而宣传银矿景观的人会借助这里绝妙的地形，从大家疑惑的如何重建等角度激发人们更多的想象和兴趣。就石见银山而言，幸存下来的是一片"遗迹景观"。这里保留着银矿开采的每一个过程，即从开采矿石到矿石研磨再到冶炼的全过程。在这里，17 世纪至 19 世纪的建筑遗迹都被保存了下来，这些建筑揭示了一个包括士兵、富商、牧师、繁荣的家族企业和农民在内的社会形态。17 世纪初，生产力达到巅峰时，这里有上万人受雇于采矿业。这些银矿山坡上记述的故事无论有多么晦涩难懂，讲述的都是无数小型劳动密集型企业如何在短时间内成倍增长，如何形成日本最高产的银矿区，以及其繁荣的贸易网络如何遍及整个东亚的故事。联合国教科文组织曾强调，银矿所处的特殊地理环境也为此地深厚的人文景观奠定了基础。

第 3 章

从凡尔赛宫到寻常百姓家

如今，欧洲一些历史悠久的银戒指很可能取材于凡尔赛宫中路易十四的银质王座，而这个银质王座可能是用很久之前的一批古罗马银币打造的，这些银币又可能是用从安达卢西亚地区的银矿中开采的银矿石铸造的。以此类推，历代银匠将历经数千年的材料不断重新打造。无论他们打造的作品有多么精美，都不可能是那些银的旅程的最后一站，这些作品只是银漫长旅程的一个中间环节。想一想，人们曾制造的所有银制品，从银币到银饰，再到银质餐具等，以及所有在生产过程中曾使用银的制品，从照片到电子产品等，它们中的多数都已不复存在，变成了其他物品。

关于这一点，我们从奢华的银制品因经济需要而被熔化的详细历史记载中，从重新进入流通的再生银数量的年度统计数据中都可以了解到。我们或许可以从某些物品本身了解它们的来源。例如，中国贵州省苗族银匠制作的银项圈（见图 3-1），其中银的含量有时与当地流通的银币中银的含量完全一样。

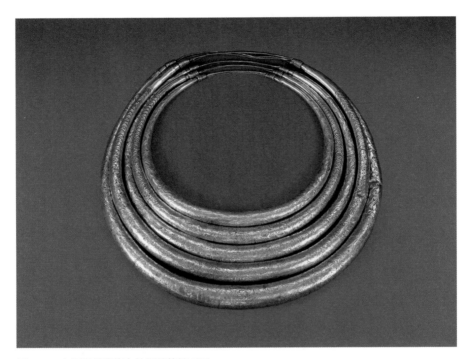

图 3-1　中国贵州苗族女性佩戴的银项圈

更准确地说，我们应该将银制品视为在其生命历程中能转变为其他物质的一种中间材料。银具有可塑性强和易熔化的特性，而人类天生喜欢追求新奇的事物，以满足自己的各种需求。银匠们便充分利用银可塑性强和易熔化的特点，对其进行各种改造，以满足人类的需求。

精雕细琢终成银器

千锤万击之锤揲

制作银器最基本、最常见的工艺是锤揲，又称锤击。银匠先选定一块银锭（银铸块，现在更常用的是薄银片），然后将其放在木桩上锤打。银的质地柔软，冷锤就可以将其轻轻延展开，形成凹形器皿的形状。随着时间的推移，银匠们发明了精巧的工具，能够用繁复的工艺打造精致的器皿。银的晶体结构决定了其质地在经过反复锤打后会变得坚硬，延展性会降低，但加热并冷却（退火）后，银的硬度又会降低，从而再次变得柔软、易弯曲。一些现存的早期银器就是锤揲成形的，该工艺在世界各地得到了广泛应用。例如，本书第 2 章中提到的基克拉泽斯银碗，以及公元前 2 世纪至公元前 1 世纪在如今的伊朗地区制作的一批银碗，采用的都是这种工艺。人类一旦学会了制造器皿，似乎就渴望运用复杂且非常规的方式来对它们进行装饰。图 3-2 是帕提亚帝国（今伊朗高原地区）的工匠制作的鎏金银碗，其制作时间为公元前 2 世纪。

图 3-2　帕提亚王国的工匠制作的鎏金银碗

机器塑形之切削和焊接

　　锤揲既需要技巧又耗费时间。18 世纪晚期，人们发明了一种新技术，用它可以更高效地打造出各种形状的精美银质器皿。得益于此项技术，银片从此得以广泛应用。银匠先通过机械压力机把银轧制成厚度均等的银片，然后把银片切削成各种形状，再用银焊条把它们焊接起来。银焊条是一种熔点比银低的合金，加热后会与银的表面熔合。据记载，美国著名的银匠、革命家保罗·里维尔（Paul Revere）于 1785 年购买了一台平轧机，用于生产美国独立战争后风靡一时的新古典主义椭圆茶壶。

范铸，将雕塑艺术应用于银器制作

　　自人们能够从矿石中冶炼银之后，范铸这项工艺便逐渐得以完善。最早的范铸方式是"开模"，即先将沙土或黏土压制成模具，或将石头雕刻成模具，然后将熔化的银倒入模具中，犹如把水倒入冰格中制成冰块一样。当然，这种方法的缺点之一是成品必然有一侧是扁平的。

　　中国春秋战国时期，人们发明了一种工艺更为复杂的铸造方法——失蜡法。首先制作一个实物大小的蜡模，然后在蜡模外面涂上石膏或黏土，并对蜡模进行加热，融化后的石蜡会经专门的通道流出，再将熔化的银倒入模具中，待银冷却后脱模。古人常用此法制作银器，美国的盖蒂博物馆中陈列的一件银制酒壶手柄上那神气活现的海神特里同无疑就是采用此法铸造的（见图 3-3）。特里同的上半身挺立在鱼尾之上（他是半人半鱼的形态），面向酒壶，高度越过了酒壶的边沿。他的头和胳膊是实心的，躯干是中空的，这可能是通过一种名为"注芯"的更完善的失蜡工艺铸造而成的。鱼尾也是中空的，被巧妙地弯曲成手柄形状，尖端固定着一个实心鱼鳍。[1]

人们将范铸工艺完美地应用于制作法国洛可可风格的银质餐具上的野禽、贝类、水果、蔬菜和花卉等自然主义雕刻。18世纪法国宫廷的几位御用金匠还是技艺精湛的雕塑家，[2]这无疑延续了意大利文艺复兴时期的传统。当时的金匠被作为艺术家培养，他们学习古典雕塑艺术，能自如地在两种身份间切换。图3-4是里维尔于1796年制作的银茶壶。图3-5是米埃尔·哈维（Mielle Harvey）于2011年用失蜡工艺雕刻并涂以油彩的小型银佩饰《蜜蜂进箱》（*Bees Enter Box*）。图3-6是雅克-尼古拉斯·卢特斯（Jacques-Nicolas Roettiers）于1775年至1776年用范铸工艺制作的银盖碗，这个银盖碗采用了新古典主义风格。

图3-3　古希腊人制作的海神特里同银制酒壶手柄

注：这个手柄的制作时间为公元前100年至公元前50年。

　　效果独特的范铸工艺可以用来表现艺术家的文化身份。例如，自19世纪末起，美国西南部的原住民银匠就用当地一种名为凝灰岩的火山岩来铸模。银匠先在凝灰岩柔软多孔的表面切削出繁复的图案，再把银倒入模具中，他们最初使用的银是熔化后的美国和墨西哥银币。最终的成品表面保留了岩石的颗粒状纹理，由此形成了独特的地域文化风格。图3-7是安东尼·洛瓦托（Anthony Lovato）用凝灰岩范铸工艺制作的银质马纹袖口装饰。

图 3-4　保罗·里维尔制作的银茶壶

图 3-5　米埃尔·哈维制作的小型银佩饰《蜜蜂进箱》

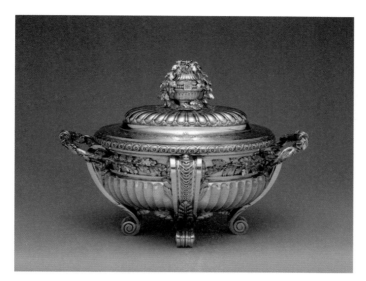

图 3-6　雅克-尼古拉斯・卢特斯制作的银盖碗

图 3-7　安东尼・洛瓦托制作的银质马纹袖口装饰

20 世纪末，人们尝试运用新技术进行范铸，由此引入了新的范铸材料，例如贵金属黏土。黏土由混合在有机黏合剂中的大量银颗粒组成，因此质地柔软而有韧性，可以压入硅胶模具中。模具干燥后，把黏土取出烧制，烧掉黏合剂后剩下的便是固体银铸件。

模压，金属加工工业化

早期制作银币采用的工艺是把形状和图案压印在银片上。工业革命后，制造模具的钢材有了改进，重型机械有了更加强劲的动力来源，人们这时才可以制造较大的银币。自 18 世纪中叶以来，金属加工行业日趋工业化。如今，在企业家创建的工厂里，锤击、錾刻、抛光等工艺可以集中完成，不再需要专门负责一个环节的多个工坊配合完成。在工厂里，强大的冲床可同时冲压出多个组件（这一工艺被称为"模压"），把这些组件焊接起来就形成了成品。到了 19 世纪，这些工厂已生产出了大量的家用银器和珠宝，而且比以前工坊的速度更快、成本更低。图 3-8 是约翰·卡特（John Carter）于 1776 年至 1777年用模压和焊接技术制作的银烛台。

图 3-8　约翰·卡特制作的银烛台

掐丝、累丝与宗教仪式

掐丝工艺类似于贵金属加工中使用的累丝工艺，常用于制作各种银器，如维京时代的手镯、中世纪的十字架、维多利亚时代的纽扣和当代东南亚珠宝。这项工艺是先将银丝掐成精致的涡卷或花纹，再焊接到器物上。一件器物可以全部用银丝制成，也可以将银丝用作装饰。银丝的质地轻盈，特别适合用于制作女性饰品。经银丝装饰后的胸针、腰夹和项链在历史上曾分别受到挪威人、土耳其人和印度人的青睐。

几个世纪以来，位于印度东部沿海的奥里萨邦一直是印度重要的掐丝工艺品生产中心。如今，掐丝工艺品成了吸引游客的特色产品，它们过去常出现在宗教场所和仪式中，现在人们依然能在当地的许多寺庙中见到掐丝装饰品。此外，在传统的新婚贺礼中，人们也常见到掐丝餐具，这些餐具可以在宗教节日时用于供奉祭品。图 3-9 是匠人本-齐恩·戴维（Ben-Zion David）制作的银质圣杯。图 3-10 是戴维在作业台旁工作的场景。

图 3-9　本-齐恩·戴维制作的银质圣杯

图 3-10　戴维在作业台旁工作

　　掐丝工艺品不仅用于宗教仪式，而且深受也门新娘的青睐。在以色列于1948 年建国之前，也门有大量的犹太人，当时这门手艺几乎被犹太人包揽，另外还有一些阿拉伯人从事这一职业。[3] 他们发明了一种更繁复的掐丝技术来制作珠宝首饰和祭祀用品，他们还将这门手艺传给了下一代。[4] 当也门的犹太人移居以色列后，他们创造了大量犹太风格的作品，这些作品体现了精湛的掐丝工艺。然而，由于这个新国家最迫切需要的并不是制作珠宝首饰，因此很多工艺失传了，现在只有少数艺术家掌握这项工艺。

　　居住在中国西南部的苗族人同样会通过掐丝工艺来展现自己的文化。该工艺可能在唐代就已得到应用，当时中国与亚洲其他地区的文化交流非常频繁。唐代银匠制作了精美的掐丝首饰供王公贵族使用，而像苗族这样居住地极为分散的少数民族则把首饰作为庆祝节日与延续自身文化和传统的一种载体。苗族的大多数银饰由银匠村的男性银匠制作而成，这些银饰既可用于日常穿戴，也可用于节日庆典。银饰中常见的图案是蝴蝶和花纹，这些图案体现了苗族的创世神话。苗族人在制作银饰时会融入焊接工艺，这一工艺常与掐丝工艺联合使用，目的是把小银珠焊接在银丝表面，以提升物品的精致感。图3-11是贵州的苗族女性佩戴的银手镯。

图 3-11　贵州的苗族女性佩戴的银手镯

由于外表轻灵飘渺，掐丝制品经常被用在宗教仪式中。不过，有时它们也被用于日常生活。俄国女皇叶卡捷琳娜二世的众多爱好之一就是收集产自广州且出口到西方的中国银器。在圣彼得堡冬宫博物馆收藏的无与伦比的中国银器中，就有叶卡捷琳娜二世当初收集的大量银质梳妆用具。在这位非凡的鉴赏家收藏的物品中，最令人惊讶的或许是用来存放口红和胭脂的两只银质螃蟹，它们被放置在细长螺纹海藻形状的、精致的花边掐丝托盘上。

为了推动掐丝工艺进一步发展，当代珠宝商正尝试将编织技术运用其中。当掐丝工艺中运用的银丝已经细如发丝时，人们自然想要尝试把细密、可延展的银丝制成编织品，例如钩织品、梭织品和针织品等。图3-12是阿纳斯塔西娅·阿祖尔（Anastasia Azure）于2009年制作的祈福物品《天佑》（*Coaxial Providence*），该作品由细银丝、钓丝和珍珠制成。

图 3-12　阿纳斯塔西娅·阿祖尔制作的祈福物品《天佑》

当银器遇到自然主义

凸形纹样，赋予银器历史感

　　凸形纹样是用锤子和冲压机从银器背面锤打从而形成的立体图案，经常和雕刻结合起来使用，以制作出类似于雕塑效果的多维表面。它们创始于古代，可用于制作金银器皿。古罗马银匠很擅长这些工艺，并能熟练地运用它们在餐具上展现生动鲜活的狂欢场景：在空中盘旋的丘比特、戴着挂满石榴和葡萄的花环嬉戏的萨提尔^①、呼之欲出的鸟，以及迎风飘动的藤蔓。这些充满活力的自然主义形象都是先从银器背面冲压，再从正面仔细雕琢制成的。通常情况下，这些银器都会配有银质衬垫，以保持内部平滑且方便清洁。

图 3-13 是制作于公元前 1 世纪至公元 1 世纪的银纹鎏金冈德斯特拉普坩埚（Gundestrup Cauldron），可能是在罗马尼亚或保加利亚制作完成的。图 3-14 是制作于公元前 50 年至公元前 25 年的古罗马银杯。

图 3-13 银纹鎏金冈德斯特拉普坩埚

---

① 萨提尔是希腊神话中半人半羊的森林之神。——编者注

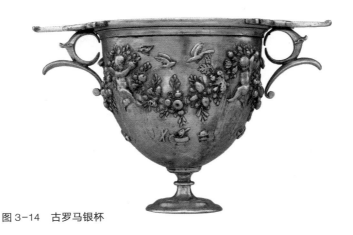

图 3-14 古罗马银杯

凸形纹样和雕刻相结合的方式比其他装饰更适宜打造具有历史风格的器具，高浮雕效果特别适合呈现巴洛克风格的戏剧感。17 世纪时，在正值黄金时代的荷兰，著名的金银匠世家范·维亚嫩家族（The van Vianen Family）制作的金属制品就是很好的例证。他们制作的华丽的银器有时会出现在同时代画家绘制的奇特的奢侈品画作中。图 3-15 是威廉·卡尔夫（Willem Kalf）于 1655 年至 1660 年绘制的布面油画《静物：银壶和瓷碗》（*Still-life with a Silver Jug and a Porcelain Bowl*）。范·维亚嫩家族精通这两项雕花工艺，其制作的耳形作品与真人的耳廓极其相似，因此被誉为 19 世纪以来耳形图案的先驱，但在当时，这种风格被认为是怪诞的。这种风格的线条经常使人联想到人脸、海洋生物和海浪，也有人认为其部件是浇铸而成的，但这些作品实际上是通过凸形纹样和雕刻这两种工艺制成的。这些作品给荷兰黄金时代的艺术家带来了灵感。

伦敦维多利亚与艾尔伯特博物馆最近委托银匠米里亚姆·哈尼德（Miriam Hanid）创作了一件作品，以纪念克里斯蒂安·范·维亚嫩（Christiaen van Vianen）于 1635 年制作的一个波纹状银质玫瑰水盆（见图 3-16）。

图 3-15　威廉·卡尔夫绘制的布面油画《静物：银壶和瓷碗》

哈尼德制作的是一件流线型银饰品《涟漪》（*Union Centrepiece*），如图 3-17 所示，上面雕饰着波浪、鱼鳍和鱼尾，作品线条婉转流畅，宛如灵感之源。如今，艺术家已不再关注银制品的发展，但哈尼德和范·维亚嫩提醒我们，银具有易变的特性，可以不断被重塑。

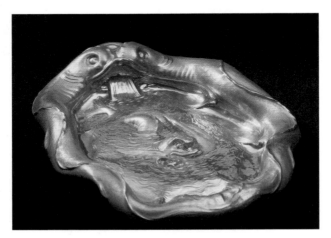

图 3-16　克里斯蒂安·范·维亚嫩制作的银质玫瑰水盆

图 3-17　米里亚姆·哈尼德制作的流线型银饰品《涟漪》

錾刻，在银器上"书写"过去

　　凸形纹样和雕刻相结合的技法是用工具使延展性很好的金属表面凹凸成形，而錾刻是用类似凿子的精密工具在金属表面进行雕刻，雕刻时会产生金属碎屑，这种工艺也可以用于叙事。1665 年和 1666 年，伦敦陷入了大瘟疫和火灾的双重灾难中，伦敦地方法官埃德蒙·贝里·戈弗雷爵士（Sir Edmund Berry Godfrey）此时表现出了过人的勇气和胆识。为颂扬他在危难中表现出的刚毅，他的事迹被錾刻在一个大酒杯上，这个酒杯上同时还刻有千钧一发的场景、记载他的功绩的拉丁文铭文，以及他本人和国王的盾形纹章（见图 3-18，制作时间为 1675 年至 1676 年）。英国第一任首相罗伯特·沃波尔爵士（Sir Robert Walpole）曾委托工匠制作了一个银托盘，上面錾刻着以伦敦怡人的风景为背景的一则寓言故事。托盘的制作者是 18 世纪早期伦敦最著名的金匠保罗·德·拉默里（Paul de Lamerie）。为避免欧洲大陆的宗教迫害，拉默里于 17 世纪末移民至英国。在伦敦，拉默里的作坊里有多名熟练的工匠，他们在此制作工艺精湛的錾刻制品，拉默里本人也因此而闻名于世。图 3-19 是拉默里的作坊于 1728 年至 1729 年制作的银托盘，上面的花纹由威廉·贺加斯（William Hogarth）錾刻。

图 3-18　刻有戈弗雷爵士事迹的银质大酒杯　　图 3-19　拉默里的作坊制作的银托盘

鏨刻常用于制作纹章，以此彰显对奢侈品的所有权，然而这种表现方式可能会产生令人不安的结果。埃德温银质胸针是制作于 11 世纪盎格鲁－斯堪的纳维亚时期的珠宝首饰，锤制的银盘上刻着蛇和野兽的图案，背面刻有用古英语撰写的铭文："吾之所属埃德温，亦愿彼之所属上帝。非其所愿，离之驱之，天必诅之。"[5] 胸针的背面已损坏，从损坏的方式来看，胸针是被人粗暴地从衣服上扯下来的，这也许表明诅咒并没有像它的主人认为的那样具有威慑力。

鏨刻的线条可以是手写体，因此这种工艺常用于在银上"书写"，以便把历史材料记载在银器上。银匠里维尔更广为人知的事迹是他的"午夜骑行"：在美国独立战争之初，他在午夜骑马向爱国人士告知英国军队的动向。作为秘密革命组织"自由之子"的一员，他受组织委托制作了标志性的银质"自由之子碗"，这个银碗上鏨刻着"毫不畏惧当权者的无礼威胁"字样，同时还署着 92 位已公开的知名抗议者的名字。

镂空，将银器的实用性发挥到极致

在 18 世纪，布丁被盛放在刻有鸟和树叶的镂空食盒中；缕缕香气透过银香炉镂空的盖子飘向空中；糖、芥末和胡椒会在人们抖动调料瓶时从镂空的瓶盖中洒出来；光线会透过伊朗灯笼上镂空的银灯罩投射出诗意的影子。镂空是一种能将银制品的实用性发挥得淋漓尽致的工艺。最初，镂空是个十分复杂的过程，需要先在金属表面钻孔，再用线锯切割出图案。到了 19 世纪，随着螺旋压力机广泛应用于制作镂空的篮子和调料瓶，镂空从此成为一项工业流程，而不再只是手工工艺，镂空制品也进入了大量中产阶级家庭。图 3-20 是伊朗工匠于 19 世纪初用银和黄铜制作的镂空灯笼。

图 3-20 伊朗工匠制作
的镂空灯笼

乌银，明暗的艺术

随着时间的流逝，银会失去光泽而变黑，而乌银这种用于装饰的黑色硫化银本来就是暗黑的。古罗马博物学家大普林尼曾提到古埃及人发现了乌银，但直到古罗马时期，乌银才得到普遍应用。乌银制品可以朴实无华，也可以炫彩夺目。在乌克兰基辅发现的一个中世纪的银吊坠上，刻有一只神秘动物，在暗黑色的乌银背景衬托下，亮银色的动物格外显眼（见图 3-21）。俄国银匠是乌银工艺大师，他们可以巧妙地将贝壳等物品改造成银盖鼻烟盒。他们让镀金的银变成了闪闪发光的天空，在天空的映衬下，一艘恐怖的沉船在乌银阴森的阴影中显现出来（见图 3-22）。这个制作于 1745 年至 1750 年的鼻烟盒，由贝壳、银、镀金银和乌银制作而成。

图 3-21 中世纪的银吊坠

注：这个银吊坠的制作时间为 11 世纪至 12 世纪，用银和乌银制作而成。

图 3-22 俄国工匠制作的鼻烟盒

银氧化产生的烟熏铜色有类似于乌银的效果,利用硫溶液也可生成炭灰色的氧化表面。美国亚利桑那州霍皮族的银匠就是把这种方法运用到极致的艺术家,他们使用的镀银技术并不是一种传统技术,而是由北亚利桑那博物馆和霍皮部落在第二次世界大战后合作创造的,目的是促进霍皮族手工艺的发展。[6]霍皮族银匠先在银片上绘制獾爪、玉米秆和精灵等传统图案,再把这些图案切割下来,焊接到普通的银片上。在焊接的过程中,切口区域会被氧化。银匠接着用冲压机在银片上做出纹理,然后对凸起的表面进行抛光,从而形成引人注目的明暗对比效果。这种镀银技术能制造美观的银制品,因此被美洲的原住民广泛采用。图 3-23 是贝内特·卡根维亚玛(Bennett Kagenveama)制作的镀银袖口装饰。

图 3-23　贝内特·卡根维亚玛制作的镀银袖口装饰

鎏金，为银器穿上黄金衣

制作鎏金主要是为了使作品赏心悦目。虽然在银器上涂上一层薄薄的金可能会使人觉得银器更有价值，但人们通常会在银器的选定位置应用鎏金工艺，从而使金和银的光泽形成鲜明的对比。公元前1世纪就已经出现了鎏金碗，说明那一时期的人们已经掌握了对局部或部分图案进行鎏金处理的技艺。在帕提亚帝国发现的制作于公元前1世纪的一个银碗上，镶着石榴石的鎏金花朵排列在银网格中，这个图案将古希腊和近东的风格融合在一起（见图3-24）。鎏金工艺还有更实用的功能：几个世纪以来，有些盛食物的碗和酒杯的内部做了鎏金处理，这样做是为了防止它们生锈或免遭酸蚀。同时，白色的外部在内部鎏金的衬托下显得更加明亮，现代银匠为了使作品达到发光效果，有时也会使用这种工艺。

图 3-24　用鎏金银和石榴石制作的碗

古罗马的金匠既擅长制作有益健康的盛放食品的器皿，又擅长调和金和银的冷暖色调。通过火法镀金，他们能够提高器物表面的耐用性。他们将用汞和金合成的金汞漆涂抹在选定的鎏金区域，然后加热，使汞蒸掉，这样就通过化学方法使金和银器的表面结合。火法镀金可以延长鎏金表面的使用寿命，却无法延长不幸吸入有毒汞烟雾的工人的生命。虽然需要付出人力和环境的代价，但火法镀金在当时仍然是最常用的鎏金方法，这一方法直到19世纪才被电镀金取代。电镀金是一种使用电流在银上镀金的方法。图3-25是迈克尔·劳埃德（Michael Lloyd）于2014年制作的带有"山毛榉树叶"图案的鎏金银杯。该银杯内部使用了鎏金工艺，外部则使用了雕刻工艺。

图3-25　迈克尔·劳埃德制作的鎏金银杯

残缺之美体现人类的创造精神

为了增强反射率，银通常会被抛光以获得很亮的光泽，但乌银工艺却有意反其道而行之。在前工业时代，银器光滑的表面意味着人们已经能够熟练使用打平锤来消除所有瑕疵。然而，完美无瑕的表面并不是总会受到人们的喜爱，尤其是在工业革命之后。在某种程度上，欧美在19世纪末20世纪初发起的工艺美术运动就是为了反抗当时呆板的机械加工艺术品风格。工艺美术运动时期的银器具有一大特点，那就是刻意在银器表面留有锤子的印记，以此来区别机械制造的物品，并展示人类的创造精神。图3-26是乔治·詹森（Georg Jensen）于1905年用银和象牙制作的花朵牌公用服务小奶油壶，这个小奶油壶表面有精致的锤痕，闪闪发光。

图3-26　乔治·詹森制作的小奶油壶

有些文化也崇尚不完美，日本崇尚的"残缺之美"就提倡在无常和不完美中发现美。残缺之美不但在其他艺术中得到了广泛认可，而且获得了一些日本银匠的喜爱，他们由此创造了不对称的银器，并在银器柔软、平整的表面留下明显的不规则锤痕。图 3-27 是铃木洋于 2010 年使用锤揲工艺制作的 999 纯银制品《大地之力Ⅲ》（*Earth-Reki III*）。

图 3-27　铃木洋制作的纯银制品《大地之力Ⅲ》

第 4 章

帝国崛起，两枚改变世界的银币

建立一个帝国需要资金。当然，需要的不仅是资金，就如同生火不只需要燃料一样，文化、意识形态、对土地和资源的需求也都得发挥应有的作用，但资金是最基本的。有了资金，就可以购买军舰、装备军队、维持帝国的政府机构、资助促进公民身份认同感的公民计划和建筑项目。世界通用货币通过贸易伙伴关系和税收协定将各国和各大洲联系在一起。对一个帝国的臣民来说，每天都要使用的钱币上的图像会让他们随时想到自己的君主。

在历史上，一些成功的帝国在创建和发展的过程中使用的都是用银打造的钱币。拥有银矿和开采银矿曾为两个帝国的发展提供了资金，这两个帝国在一定程度上塑造了今天的西方世界。公元前5世纪的雅典帝国留给后人民主观念、知识革命和哲学，促进了之后几个世纪的文学和思想的发展；而两千年后的西班牙帝国客观上加强了美洲、欧洲和亚洲之间的贸易联系，并建立了当时欧洲通用的货币标准。

雅典的猫头鹰银币，古希腊的通用货币

世界上有没有像雅典的猫头鹰银币这样迷人的钱币呢？银币的正面是雅典城的守护神雅典娜美丽的侧面像。作为智慧女神和战争女神，她的头盔上装饰着橄榄叶，赞美她在与海神波塞冬争夺雅典的比赛中表现出的机智——她在比赛中种下的正是一棵橄榄树。她的微笑意味深长，那么她带来的是冲突还是和谐呢？银币反面是雅典娜的使者：一只站立的小猫头鹰。猫头鹰的眼睛睁得大大的，它的一侧是橄榄枝和一弯新月，另一侧是代表雅典和雅典娜的 3 个希腊字母：AOE。

猫头鹰银币是典型的古代银币，是经过柏拉图和苏格拉底之手的银币。它不仅在原产地阿提卡流通，在希腊大陆的其他地方、爱琴海群岛、地中海东南部、巴勒斯坦和中东以及印度的部分地区也被人使用。后来，古埃及也复制了这种银币。如今，雅典的猫头鹰银币是收藏家和博物馆梦寐以求的藏品，它可能也是被伪造得最多的古董钱币之一。它是设计和传说的完美结合，为我们带来了雅典通过银崛起的故事。图 4-1 是公元前 460 年至公元前 455 年在雅典制作的 4 德拉克马银币的正面和反面。

尽管雅典有几个独特的优势使其有可能居于领导地位，但雅典崛起并成为一个殖民大国的过程仍然充满了偶然和不确定因素。古希腊文化的源头可以追溯至公元前 9 世纪至公元前 8 世纪的大变革时期，在那个时期，希腊字母不断发展，各具特色的城邦也形成了。每个城邦都有自己的守护神、寺庙和节日，许多城邦比较小，面积只有 50～100 平方千米，有些城邦还没有

城市中心。当阿提卡的居民同意建立一个共同的政权时，雅典自然而然地成了一个城邦。雅典曾经的占地面积相当大，是其商业竞争对手科林斯的两倍。当时，占地面积超过雅典的城邦只有斯巴达，其面积为 8 400 平方千米。斯巴达与雅典亦敌亦友。

图 4-1　4 德拉克马银币的正面和反面

然而，拼凑的城邦联盟未能形成有凝聚力的实体，城邦在自己的地盘上各自为政。相隔不远的城邦可能拥有完全不同的法律体系，并可能在敌人和盟友之间摇摆不定。各个城邦的政治史中充斥着纷争、冲突，以及错综复杂的效忠关系，不时还有激烈的对抗，就如同雅典和斯巴达之间的冲突。

不同的政治制度和社会制度在狭小的地理范围内共存：雅典在公元前 6世纪就采取了民主制度，斯巴达的管理制度则非常复杂，由国王、长者和所有 30 岁以上的斯巴达男性组成的议会共同管理。[1] 因为较大的城邦都铸造了自己的货币，所以各个城邦并没有统一的货币。雅典从公元前 6 世纪中期开始铸造银币，用的主要是从外地开采的银。

劳里昂矿，奴隶集中营

大约在公元前 520 年，这种各自为政的情况发生了巨大变化。当时，在南阿提卡的劳里昂（Laurion）发现了储量丰富的银矿。这并不是说雅典是第一个开发这些丰富资源的国家，这些资源早在青铜时代就已为人所知。劳里昂的景观让人们一看就觉得这里肯定蕴藏着大量的财富——山上不仅有银和铅，还有锌、铁、铜和金。把树连根拔起后，未风化的矿物可能就会显露出来。在有些地方，山坡上有明显的纹路。根据地质学知识可知，这表明方解石层与片岩层交替出现。在这两种岩石类型之间的接触区，热液流体沉积了富含银的矿物。[2]

在青铜时代，劳里昂矿是露天开采的。渐渐地，矿工们沿着矿脉从地表进入山坡，进行浅矿床开采。当雅典人发现这片资源丰富的土地时，地表最有价值的金属已经被挖得干干净净。可以肯定，那些投资采矿的人是"在大象之乡狩猎大象"：竖井挖得越来越深，又发现了新的矿脉，这吸引了看重金钱的雅典贵族来此投资。值得注意的是，由于奴隶制度当时根深蒂固，因此大量奴隶被迫参与开采和提炼贵金属。

劳里昂矿属于雅典政府，但普通公民可以购买一定年限（通常为 3～10年）的委托开采权，这样雅典政府就有了稳定的收入来源。显然，这样的制度对企业家来说是有风险的，因为这样无法保证他们一夜暴富。但仍然有很多人认为这场"赌博"是值得的，因为如今的劳里昂矿遗址满目疮痍，从山丘到海岸，到处都是竖井、坑道、炉渣堆和加工工场的遗迹。虽然蜂窝般的矿内巷道和工场紧挨在一起，使开采活动看起来像是随意进行的，但开采活动实际上是在严格的监管下进行的。公元前 4 世纪的记载显示，从发现、创建到经营矿山，再到加工和精炼，每个不同的阶段都有诱人的投资机会。[3]开矿不需要大量资金，但确实需要拥有奴隶或能够雇到廉价的劳动力。需要较多资金投入的环节是建立加工工场和精炼工场，以及雇用熟练工人。与开矿相比，投资设立工场显然风险较小，因此富人一般都选择投资设立工场。

劳里昂矿实际上是个规模很大的"奴隶集中营"，那里的条件非常恶劣。在山坡上劳作的奴隶最多时可能有 2 万～3 万名，这个数字接近于雅典的自由人口数量[4]。奴隶在当时的一些官方文件中被称为"人牛"。这些奴隶大多不是罪犯，而是战俘——奴隶制是爱琴海周边国家无休止的战争的高利润副产品。

古希腊历史学家色诺芬曾在出版的著作中写到，劳里昂矿雇用奴隶最多的投资者拥有 1 000 名奴隶。[5]之所以需要这么多奴隶，是因为小规模雇用的奴隶工作时非常分散，而且体力劳动非常辛苦，3 个 6 人小组可能需要两年时间才能挖 100 米深。[6]矿山坑道非常狭窄，通常只能容纳一人弯腰工作，而且还得带着基本工具，如锤子、镐和可以燃烧 10 小时的油灯等。当时普遍采用的开采方法是通过热胀冷缩使岩石表面破碎，这种方法很危险，需要先加热岩石，然后把液体浇在岩石上使其破裂。矿石在地下进行初步分选后，再送到地面工场进行加工。像矿山一样，这些工场也是个人投资的，在这里，矿工们先手工锤击矿石，然后洗去渣滓，再混合人粪（一种很充足的资源）将矿石压成饼状，最后晾干。到了这一步，就可以冶炼矿石来分离银了。冶炼矿石是个高难度的作业活动，需要技术熟练的劳动力。雅典很可能也从冶炼作业中获益，这也许是通过对精炼银征税来实现的。[7]劳里昂矿分为两个部分：一部分在地下，另一部分在地上。这两个地方的条件都很恶劣，也都很危险。空气中弥漫着硫磺的臭鸡蛋味，非常刺鼻，更糟糕的是，从铅中分离银时产生的副产品是氧化铅，氧化铅是一种飘散在大气中的细小的结晶性粉末，随着时间的推移，数百万吨有毒粉尘被释放到了环境中。

大约在公元前 520 年雅典开始开采银矿之后，雅典造币厂开始大规模生产猫头鹰银币。这种 4 德拉克马银币取代了传统的较小的 2 德拉克马银币，成为当时流通的主要银币。[8] 造币厂生产了数以百万计的猫头鹰银币，但工业生产规模并没有通过工业化方法来实现。造币厂的工人很可能是国有的奴隶，[9] 每只猫头鹰银币都是他们用手工锤击而成的：他们把银坯放在雕刻好的铁砧和冲头之间，然后用力击打使其成形。在公元前 5 世纪中叶，4 德拉克马银币相当于一个熟练工人 4 天的工资。不过值得怀疑的是，奴隶是否能够拥有自己亲手打造的猫头鹰银币。

正是从劳里昂矿开采出的银，使雅典与古希腊其他地区及古希腊之外的地区之间的关系发生了巨大的变化，尤其是雅典与迅速向西扩张的波斯帝国之间的关系。

希波战争

古希腊拥有广阔的海岸线和数以千计的岛屿，古希腊人生活在沿海地区，这使得城市和殖民地沿着从地中海沿岸到小亚细亚西部的边缘建立起来。例如富裕的科林斯就拥有广泛的贸易网络和数十个殖民地。雅典在公元前 7 世纪至公元前 6 世纪就表现出了扩张的野心，它在爱琴海远岸的特洛伊附近建立了战略前哨，吞并了附近的萨拉米斯岛，占领了其优良的港口。[10] 然而，雅典的崛起与波斯帝国有着密切的关系。

虽然城邦制度在很大程度上造成了古希腊人的分裂，但外部波斯帝国的影响，又促使古希腊人形成了身份认同。雅典刚开始开采劳里昂矿时，波斯帝国似乎无法抑制对古希腊领土的渴望，便从自己的基地伊朗高原出发，征服了美索不达米亚、地中海东部和埃及的部分地区。虽然仅波斯帝国的核心区域就达到 3 200 平方千米，横跨该区域需要 3 个月时间，但它凭借强大的军事力量、先进的基础设施和管理能力，成为爱琴海居民的一个重大威胁。它迅速控制了蚕食其西部边界的一些希腊城邦，迫使它们向自己进贡。

公元前499年，在雅典的策划下，波斯帝国西部边界的一些城邦发生了叛乱，于是波斯帝国把军队派遣到阿提卡。对波斯人来说，这场战争本该轻松获胜，但公元前490年，在雅典郊外的马拉松平原上，波斯步兵遭到古希腊城邦联军的屠杀。10年后，在国王薛西斯一世的带领下，大批波斯陆军和海军再度进军希腊，这一次，希腊城邦相继投降。不过，当波斯军队到达雅典时，却发现这座城市只剩下一座空城。居民们逃到了邻近的萨拉米斯岛，有些人在匆忙中没有带走猫头鹰银币。1886年，人们在雅典卫城烧焦的泥土中发现了一批带有焚烧痕迹的猫头鹰银币，通过这些银币就可以看出当时波斯人对该地区的破坏。

在陆地上，希腊人被这样一支贪婪至极的军队击溃，历史学家希罗多德因此声称："除了最大的河流，哪片水域没有被他的军队占领过呢？"[11] 然而，因为在海上有劳里昂地区银矿的银，情况就不同了。由于预料到马拉松战役后波斯帝国会进行报复，临海的雅典早已开始集中精力建设自己的海军，资金就来自劳里昂地区银矿的银。公元前480年，雅典海军引诱波斯舰队驶入萨拉米斯附近狭窄的海峡，波斯舰队惨败，希波战争的形势发生了逆转。薛西斯一世把幸存的船长处决后，败逃回国。悲剧《波斯人》(*The Persians*)就是古希腊剧作家埃斯库罗斯以这场战役为背景创作的，其中提到了雅典人的优势："他们拥有名副其实的银泉，他们的土地上有一座宝库。"[12]

雅典帝国崛起，古典希腊哲学萌芽

虽然萨拉米斯海战的胜利为雅典赢得了极大的声誉，但波斯帝国可能再次侵略的威胁仍然困扰着爱琴海的居民。公元前477年，爱琴海沿岸的大部分岛屿联合起来，组成了"提洛同盟"。成为同盟成员的主要好处是可以得到海军保护，像雅典这样的大城邦提供船只和船员，而其他城邦则缴纳年费，资金集中存放在基克拉泽斯群岛中神圣的提洛岛上的国库中。提洛同盟表面上联合各城邦对抗共同的敌人，然而团结的幌子很快就被派系主义和利己主义撕下，而这似乎是各城邦的默认态度。雅典为了争夺优势地位，吞并了爱琴海北部的一个波斯贸易站，这一举动阻止了心怀不满的成员退出联盟，并无情地粉碎了城邦之间的不和。公元前454年至公元前453年，提洛同盟的国库从提洛岛转移到了雅典，这是雅典在一连串权力斗争中的又一次胜利。

雅典成为雅典帝国，但这个帝国不仅地域小，寿命也很短。在其鼎盛时期，雅典帝国统治着179个城邦，大约200万人口，拥有从西西里到埃及再到黑海的地中海地区最主要的海军力量。虽然与波斯帝国相比微不足道，但雅典的行为就像一个帝国：它要求其附属城邦以货币的形式纳贡，并下令在其领地上使用猫头鹰银币。到了公元前5世纪中叶，雅典造币厂的产量再创新高，标准化的猫头鹰银币大量流通，成为古希腊的通用货币。

作为一种可靠的货币，猫头鹰银币深受雅典帝国之外的商人青睐，这给雅典带来了大量财富。像所有注重自己形象的帝国一样，雅典帝国着手实施公共建筑计划。始建于公元前447年的雅典卫城上的帕提侬神庙可谓古代建筑之瑰宝，图4-2是帕提侬神庙的南端。研究表明，帕提侬神庙的阁楼有3个网球场大，是雅典帝国的现金储备地。[13]当时有项法令记载，3 000塔兰特银曾被转移到卫城，1塔兰特银为1 500枚猫头鹰银币，所以这次转移的可能是450万枚银币。其他的古代资料提到雅典有1万塔兰特银的储备，难怪埃斯库罗斯会评价雅典是"名副其实的银泉"。

图 4-2　帕提侬神庙的南端

从建筑风格上看，帕提侬神庙可能是启蒙运动的象征，也是匀称美的体现。神庙著名的饰带描绘了凡人和众神的形象，可能是为了体现秩序与和谐。如果雅典帝国储备的大量的银确实存放在神庙的阁楼里，待在雅典娜本人的保护下，那么这或许可以理解为政府的一项审慎的政策。但雅典这个通过银来推动其发展的帝国，其强盛的另一面是剥削奴隶、吞并提洛同盟的国库、胁迫和勒索前盟友、征服领土、行政滥用和腐败等恶行。可以预见的是，有些臣服的城邦进行了反抗，但都遭到了血腥的报复。例如，公元前416年，米洛斯岛拒绝并入雅典帝国，岛上所有成年男性因此被屠杀，妇女和儿童也被奴役。

然而，与大多数帝国一样，雅典帝国虽有吞并领土的野心，却没有维持帝国稳定的能力。最终，雅典帝国的宿敌斯巴达在波斯帝国的帮助下推翻了雅典帝国。具有讽刺意味的是，使雅典帝国屈服的也是一次海战。公元前405年，在羊河战役中，雅典帝国的舰队毁于一旦，城邦被围。最终，雅典帝国于公元前404年因城内粮绝而被迫投降。

尽管帝国的野心已经终结，但雅典孕育的文化继续蓬勃发展。在政治上，虽然雅典的民主限制公民权利，排斥女性，但其民主举措仍成为后世的典范。在思想上，雅典形成了一种辩论和自我反省的氛围，为古典希腊哲学取得惊人成就奠定了基础。雅典倡导开放，允许戏剧发挥批判的作用，它是公认的古希腊文化的摇篮。古希腊雅典政治家伯里克利称，在智慧女神雅典娜的庇佑下，雅典是"全希腊的学校"。[14]

8 里亚尔银币，西班牙的兴与衰

"8 里亚尔！8 里亚尔！"弗林特船长叫道，在《金银岛》（*Treasure Island*）

的故事里，它是海盗朗·约翰·西尔弗（Long John Silver）的鹦鹉。peso de ocho reales 在西班牙语中意为"8 里亚尔银币"。图 4-3 是 1613 年至 1616 年制作于波托西的 8 里亚尔银币的正面和反面，这种银币最早铸造于 16 世纪 70 年代，但《金银岛》是以 18 世纪为背景，由一个苏格兰人在 19 世纪写成的。这种深受海盗和鹦鹉喜爱的西班牙银币是如何长期保持其主要货币的地位的？[15] 又是如何在地区贸易中称霸一方的？大约在 1600 年，这种西班牙银币几乎是全欧洲的法定货币，它最终在 19 世纪被英镑所取代。[16] 像雅典的猫头鹰银币一样，它与另一个帝国的创建和崩溃息息相关，该帝国也拥有一座巨大的银矿。

图 4-3　8 里亚尔银币的正面和反面

和雅典一样，西班牙似乎也并非注定能成为一个帝国。它是欧洲的落后之地，它的大部分欧洲领土是通过继承而不是无情的扩张获得的，[17] 它获得美洲的领土纯属偶然。1492 年，热那亚商人兼船长哥伦布拜见国王斐迪南二世和女王伊莎贝拉一世，恳求他们赞助自己去亚洲（而不是美洲），哥伦布声称此行是为了西班牙王室的荣耀。那时，他实际上已经去过葡萄牙、法国、英国和西班牙。斐迪南二世和伊莎贝拉一世最终同意给予哥伦布资助，这对哥伦布来说是个惊喜。哥伦布的海上探险可能是为了争夺领土，同时也是为了淘金。他最终 4 次航行至美洲大陆，并认为自己真的到达了亚洲。在西印度群岛，他遭遇了疾病和叛乱，吃了很多苦，但没有发现金子。

哥伦布于 1506 年去世，几十年后，加勒比海地区微不足道的金矿被开采出来。埃尔南·科尔特斯（Hernán Cortés）入侵墨西哥时，又一次发起了对传说中的"黄金国"的搜寻。对被征服的阿兹特克人来说，他们的帝国被野蛮地推翻，征服者就像"贪求黄金的肥猪"。[18] 西班牙君主计划战略性地扩大其势力范围，但西班牙帝国最初的建立并不在君主的计划之内。实际上，科尔特斯的探险队只有 600 个人和 16 匹马，而且此次探险未经皇家批准。于是科尔特斯被迫中断绑架阿兹特克皇帝蒙特祖马二世的计划，以避免自己因违抗国王的命令而被捕，这一行为堪比巨蟒剧团（Monty Python）① 的滑稽小品。[19] 然而，从探险中获得的黄金进一步助长了西班牙的野心，似乎也点燃了秘鲁的希望。幅员辽阔、地处偏远的印加帝国，由一位被尊为太阳神后裔的皇帝统治着，却被一位目不识丁的前猪倌和一位逃到美洲以逃避西班牙法律的逃犯 ② 所率领的一小群人推翻了。[20] 1532 年，不幸的印加统治者阿塔瓦尔帕被俘。像蒙特祖马二世一样，他试图用财宝换取自己的性命：一次是用一屋子的黄金，另外两次是用一屋子的白银。西班牙人接受了赎金，但还是绞死了他。这些早期的探险队组织混乱，常因内部不和而四分五裂，他们最终未能发现"黄金国"。然而，他们确实偶然间发现了珍贵的银矿，这些银矿为西班牙帝国的建立提供了资金，同时改变了欧洲的力量平衡。16 世纪中叶，人们在墨西哥西部的马德雷山脉发现了储量丰富的银矿。但真正的大奖——银山，是在现今玻利维亚境内的安第斯山脉的波托西发现的。

---

① 巨蟒剧团是 20 世纪 70 年代在英国走红的喜剧团体。英式喜剧有讥诮的意味，往往用极正经的态度来表现荒诞的内容。——译者注
② 这里的"前猪倌"是指埃尔南·科尔特斯，他是西班牙的一个低级贵族，曾经营一个养猪场。"逃犯"是指贝尔纳多·德·阿尔瓦拉多（Bernardo de Alvarado），他本是西班牙贵族，因涉嫌私自批准一项事务被判处流放。他逃到墨西哥加入了科尔特斯的军队，成为科尔特斯的亲信。——编者注

银币制造与奴隶贸易

生活在安第斯山脉地区的印第安人有着长达 3 000 年的冶金历史，他们使用金、银和青铜制造器物的时间比墨西哥人要早很多。他们的大多数金属制品似乎都是服务于宗教的，而不是用作财富的储备。在波尔科地区的银矿中，当地的矿工用鹿角挖出银矿石，然后在小炉子里熔炼。[21] 有时，原住民为了赢得新君主的好感，会向西班牙人透露银的来源，然而在更多的时候他们是被迫的。波托西耸立着一座超脱尘世的圆锥形山，这座山一直以来都被认为是一座神山，人们可能在前往山坡上的神殿时发现了一些自然银。在殖民者中广泛流传着一个传说，即当地矿工在第一次试图开采银时，有一个响亮的声音传来，告诫他们："不要从这座山上拿走银，因为它们另有其主。"[22] 西班牙人由此欣喜地证明了他们开采富饶的塞罗里科山是完全合理的，他们声称这一预言应验了。图 4-4 是 19 世纪时伦敦的《环球杂志》（*Universal Magazine*）上刊登的一幅版画《波托西地区银矿一角》（*A Section of a Silver Mine in Potosí*）。

图 4-4　版画《波托西地区银矿一角》

随着发现银山的消息不胫而走，西班牙人和一些印第安人纷纷涌向波托西。该矿从 1545 年开始开采，在早期阶段，开采过程相当简单。可能是由于未知因素使采矿难以进行，或者是当地矿工对矿床缺乏认识，包括自然银在内的非常丰富的氧化矿石幸存了下来。然而，一旦把地表的矿石开采完，就需要更昂贵的采矿方法，于是隧道开始深入山坡。由于西班牙人需要加工大量低品级的矿石，而当地冶炼的效率又低下，所以亟需开发新技术来保持生产水平。墨西哥在 16 世纪 50 年代采用了一种提炼低品级矿石的方法，这种破坏环境的"混汞法"是将碎矿石与盐和汞（这些汞来自万卡韦利卡的大型汞矿）混合，然后加入试剂促使银与汞发生化学反应，形成汞齐，再加热汞齐，蒸发去汞，留下精炼的银。波托西于 16 世纪 70 年代采用这一工艺后效果显著，银滚滚而来，就像打开了水龙头一样。十六世纪八九十年代，银的产量几乎翻了 3 倍。16 世纪 90 年代，银的年产量达到顶峰，为 200 吨。

新技术的应用增加了对人力的需求。但是波托西海拔 4 000 多米，位于沙漠边缘，荒凉、不适宜居住，对居住在山谷的农村村落里的印第安人没有吸引力。历任西班牙君主一再下令，禁止奴役帝国的印第安臣民，教皇也明确谴责奴役的做法。但为了规避法令带来的不便，一个变通的办法就是建立印加的米塔（mita）制度[①]。作为履行贡赋义务的一种手段，原住民传统的做法是以短期轮流的方式为帝国的工程提供劳动力。从 1574 年起，在波托西实施的米塔制度成为西班牙帝国黑暗统治的缩影。西班牙的米塔制度远比印加的米塔制度残酷，它从富饶的矿山上撒下一张绵延数百千米的大网，来围捕矿山所需的一半劳动力。偏远地区的村落，每年被迫从年龄在 18 ～ 50 岁的男性中征召 1/7，成为服役的"米塔尤"（mitayos）。这些米塔制度的被迫参与者要长途跋涉 1 000 千米，通常需要几周时间才能到达波托西，然后开始为期一年的劳役。有些米塔尤独自前往，有些则带着家人：妻子可以做些

---

① 米塔制度是西班牙殖民者对印第安人施行的一种劳役制度，强制要求矿区周围的印第安人定期提供男性劳动力。——译者注

粗活，孩子可以拾荒。

可以预见的是，这种廉价的劳动力总是不断流动的。矿山的条件总是很恶劣，而且存在巨大的安全隐患。开采小组在地下一待就是一周，在狭窄曲折的坑道里借着烛光作业。米塔尤营养不良，时刻面临着发生事故的危险，经常被殴打，呼吸着含有二氧化硅的粉尘。他们靠吮吸贴在脸颊上的古柯叶来缓解饥饿、减轻焦虑和疲劳，而他们得到的工资仅够勉强维持生活。随着波托西的人口迅速增长到 10 多万，有些人只能露宿街头。大多数米塔尤一年中的大部分时间都在寒冷、饥饿和恐惧中度过。即便得以幸存，米塔尤也没有回家的路费，有些只能留在城里，不断受雇为劳工。有经验的矿工可以获得稍高的报酬，而其他的米塔尤则靠乞讨回到自己的家乡。但他们知道，在未来的 10 年里，这种苦难还得重复，他们的兄弟、父亲和儿子在任何时候都可能会经历同样的苦难。从富饶的矿山里开采出银的同时，有很多人付出了生命的代价。奥古斯丁修道院的修道士弗雷·安东尼奥·德·拉·卡兰查（Fray Antonio de la Calancha）声称："波托西每铸造一枚比索，就有 10 个印第安人死在矿井深处。"[23] 到了 1570 年，在墨西哥、中美洲和秘鲁的殖民地，因为疾病和贫困，原住民人口减少了 80%，而且直到 17 世纪中叶，人口还一直在下降。[24] 西班牙没有禁止奴役非洲人的法律，因此成千上万的非洲奴隶被运到秘鲁来取代原住民。

与此同时，波托西发展成为一个充满活力、多元化的富裕城市，城内的教堂和住宅宏伟壮观。而城市周围的土地贫瘠，只能种植土豆和紫苜蓿。但富裕的居民很快就有了甜瓜和柠檬、香料和糖、美酒和白兰地、来自布宜诺斯艾利斯的肉类、来自法国和荷兰的奢侈品、来自亚洲的瓷器和丝绸、来自锡兰的钻石、来自波斯的地毯和来自威尼斯的水晶，这些都是用骡子或骆驼从海边沿着山路运来的。[25] 波托西产出的银还用于购买非洲奴隶，他们在矿山和该地区的富裕家庭里工作。这座城市的盾徽上得意洋洋地写着："我是富饶的波托西，我是人间宝库，众山之王，众王之炉。"1559 年，西班牙国王授予波托西"王城"（即帝国城市）的称号。波托西的名声快速传开，很快，vale un Potosí 这个词就进入了西班牙俚语中，意为"价值为一个波托西"，即无价之宝。在《堂吉诃德》中，塞万提斯笔下的堂吉诃德告诉忠实的桑丘·潘沙："你做的本是件功德无量的事，我即使把波托西的矿藏全都给你也不为过。"

当然，从矿山中获取利润的并不只有个体矿主和成功的矿工。1542 年，西班牙设立了秘鲁总督辖区，管辖其美洲领地，该总督辖区通过流入其沿海首都利马的白银获得了巨额的利润。数以吨计的银被装上开往塞维利亚的船只，但还有大量的银被留在了波托西和利马等城市。当地银匠和欧洲银匠制作的银器主要供教堂使用，他们制作了精美的巴洛克式祭坛的正面、十字架和雕像。波托西的早期历史学家巴托洛梅·阿尔桑斯·德·奥尔苏亚·伊·维拉（Bartolomé Arzáns de Orsúa y Vela）将一座波托西教堂内部成熟的装饰比作"一片茂密的丛林，丛林中有许多纯银的塞罗银火盆，佛罗里达的琥珀，阿拉比的珍贵香料，还有银质香球，香球中舞动的火焰升起袅袅香气"。[26] 在大众的想象中，这些城邦的街道都是用银铺就的，这种想象在城邦的庆祝活动中变成了现实，比如在 1648 年欢迎新总督莅临利马时的庆祝活动就是如此。[27] 秘鲁城市的教堂里装饰着大量奢华的银饰，图 4-5 是制作于 1640 年至 1650 年的秘鲁大天使祭坛银牌匾。

为这种浮华和虔诚买单的是波托西皇家造币厂铸造的 8 里亚尔银币。精炼后的银被送到国库，在那里进行检测、登记和征税，用于铸币的银被送到 1575 年建成的造币厂。在造币厂运营之初的几年里，铸币的工人是当地的米塔尤和非洲奴隶。随着产量的增加，造币厂的厂房被租给了分包商，他们从安哥拉和刚果引进了更多的奴隶。就像在雅典一样，这些奴隶手工锤击出数以百万计的银币，而这些银币促进了以奴隶为商品的贸易的发展。到了

1640 年，在波托西造币厂工作的奴隶有 150 多名，他们每年铸造 500 万枚 8 里亚尔银币。[28]

图 4-5　秘鲁大天使祭坛银牌匾

第 5 章

从新大陆流入中国的银之河

波托西的历史学家巴托洛梅擅于遣词造句，他说秘鲁总督辖区的银是一条河，"所有有用的和必需的物品都通过这条河来运输"。[1]银汇集在利马和波托西的教堂和街道上，还有大量的银涌向亚洲和西班牙。银被装在大帆船上，穿越大西洋到达欧洲，或者穿越太平洋到达菲律宾，这些旅程中充满了危机。

从波托西到巴拿马，海盗猖獗的危险旅程

　　第一段旅程比较艰难，在这段旅程中，骡子和骆驼驮着银从波托西出发，沿着强盗出没的山路到达如今位于智利的阿里卡港，那里是非常干旱的地方。一个队伍可能有数千头骡子和骆驼，随行的还有数百名印第安人和全副武装的西班牙卫兵。在阿里卡港周围

的沙丘中，许多骆驼因干渴而死。它们死后被就地遗弃，尸体在干燥的空气中成为木乃伊。队伍到达港口后，成吨的银条和硬币就被装上船，沿着海岸向北运到巴拿马。在此期间，船队要经过一片公海，那里是海盗的乐园。海盗中最臭名昭著的是弗朗西斯·德雷克（Francis Drake），他掠夺了西班牙王室大量宝贵的财富，并以新教和个人的名义与天主教公然作对。1579 年，德雷克从阿里卡港出发，沿着海岸一路劫掠，抢夺满载白银的商船。这些商船上的白银装得满满当当，有些甚至被用作压舱石。德雷克从西班牙人和其他海盗那里抢夺白银，无论是注册在案的公家白银还是未注册的走私白银，他都将其收入囊中，同时还囤积咸猪肉、火腿和葡萄酒这些盗取来的货物。[2] 德雷克的胆大妄为令西班牙王室震惊，他们因此组建了一支无敌舰队，保护在巴拿马、阿里卡港和利马的卡亚俄港之间运送白银和物资的船只。

波托西的运银船一到巴拿马，船上所有的货物就被卸下，然后由骡队运输。骡队要经陆路，穿越巴拿马地峡，穿过阴郁的、疾病肆虐的查格勒斯河河谷。因为在这条路上有数百人死于疾病和事故，所以这条路被称为"十字架之路"（Road of the Crosses）。骡队的目的地是加勒比海岸的迪奥斯港，该港口的周围是沼泽和荆棘丛生的灌木丛，那里瘟疫肆虐，海盗横行，其中也包括海盗德雷克。海盗们劫掠西班牙人的白银和奴隶，令人尴尬的是，他们有一次还劫掠了一船西班牙的官方和私人信件。[3]

在接下来的旅程中，宝藏得到了较好的保护。西班牙帝国从涉足美洲之初就禁止单船航行，当时的惯例是由船主出资组建船队，船队在全副武装的大帆船的保护下航行。船队从迪奥斯港出发，向北航行，与西班牙在墨西哥的银矿运送银的船队会合，然后整个防备森严的船队小心翼翼地穿过大西洋，回到塞维利亚。船队临近西班牙时，由军舰迎接并将其护送回国。虽然塞维利亚距离瓜达尔基维尔河岸有 80 千米远，但伊莎贝拉一世和斐迪南二世依然选择了塞维利亚作为西班牙和美洲之间所有贸易的枢纽。塞维利亚的商会对进口的银进行登记并征税，对西班牙帝国来说，这些税收是维系帝国运行的命脉。塞维利亚是帝国赚取利润的核心，对进口银所征的税高达进口银总价值的 40%。[4] 当时最繁重的税是五一税（quinto），即由王室征收 20% 的单一税，另外在平时的贸易活动中，官方还会征收许多额外的间接税。因此，尽管危险重重，但走私活动依然猖獗也就不足为奇了。由于走私活动猖獗，所以人们难以确定究竟有多少银从美洲矿山流入西班牙。1500 年至 1650 年，经过塞维利亚合法加工的银就多达 1.6 万吨。[5]

人们从西班牙帝国征服美洲之后运来的第一批货物就可以看出西班牙人是如何使用这些银的。来自秘鲁的银随着阿塔瓦尔帕的赎金流入西班牙，这批银是以铸锭和印加雕像的形式流入的，这些雕像的大小几乎和真实的动物、植物、人一样。然而，这些精致的艺术品被直接用于战争，为国王查理一世征战突尼斯和土耳其提供资金。奥斯曼帝国在 13 世纪末至 15 世纪崛起，它不仅被视为对西班牙领土的威胁，还被视为对基督教信仰的冒犯。用美洲的白银支付军事开销是西班牙帝国的一项战略，该战略在西班牙帝国存续期间充分发挥了作用。

从 1556 年到 1598 年，查理五世的儿子腓力二世在位期间，西班牙帝国的美洲银矿产量激增。然而，尽管经塞维利亚加工的银数量惊人，但其中的大部分只是经西班牙流入远离西班牙的国家。银就像一条河流，从西班牙人的指间流过。西班牙人并没有把所有的银都用于发展工业、农业，或者修建基础设施，他们把部分银用于建造奢华的住宅，例如富丽堂皇的埃斯科里亚尔皇家宫殿。由于经济繁荣，西班牙帝国的文学和艺术也得到了复兴，但大部分的收入其实都花在了战争和偿还债务上。腓力二世即位时，西班牙帝国在意大利、法国勃艮第、荷兰，以及美洲和北非都有领土。通过征税，西班牙帝国获得了巨额收入，美洲尤其为帝国贡献了不菲的收入，但镇压起义和平息叛乱耗尽了国库。图 5-1 是安东尼斯·莫尔（Anthonis Mor）于 1560 年至 1625 年创作的布面油画《西班牙国王腓力二世》（*Philip II of Spain*）。

图 5-1　安东尼斯·莫尔创作的布面油画《西班牙国王腓力二世》

腓力二世同自己的父亲一样，致力于巩固并保护西班牙帝国的领土，同时镇压新教。十六世纪七八十年代，五一税为巨额军费开支做出了巨大的贡献。但事实证明，这还不足以满足帝国的需求。在腓力二世统治期间，镇压荷兰新教叛乱尤其消耗财力。1588 年，西班牙帝国的无敌舰队在海战中惨败，这场耗费巨大的战役不仅损害了西班牙帝国的经济，也给西班牙帝国的威望带来了重创。帝国的敌人受到鼓舞，发动了进一步的叛乱。事实证明，遏制这场判乱的代价很高。

西班牙帝国财政收入减少的另一个因素是为其债务融资。在查理一世统治期间，战争几乎没有间断过，他从欧洲银行家那里贷款，贷款利率很高，他的儿子不仅继承了领土，也继承了债务。尽管腓力二世在位期间国库的收入激增，但维持帝国运行的巨额成本迫使他再次求助于热那亚、安特卫普和奥格斯堡的银行家。当"富饶的波托西"吹嘘自己的财富，用银铺就街道时，西班牙帝国却在哀叹自己的贫穷，并于1557年、1575年、1596年和17世纪数次宣布破产。

还有一场灾难不仅影响了西班牙帝国，还波及了全世界。就像血液中血糖过高会引发低血糖反应一样，大量银涌入市场会导致大范围的经济崩溃。从美洲涌出的银越多，它的价值和购买力就越低。西班牙帝国的君主们发现了这样一条令人不安的经济原则：富足既是福也是祸，因为货币供应扩张会推高物价。[6] 随着通货膨胀的加剧，生活成本在17世纪下半叶翻了一番。西班牙王室征收同样数额的税，但银的价值却低了很多，西班牙帝国因此负债累累，经济持续恶化，农民挨饿，愤怒的民众在欧洲各地起义。这场"物价革命"的影响波及了全世界。

丝绸、香料、瓷器和茶叶流向欧洲，银流入中国

1626年，塞维利亚的商人抱怨："外国人很富有，而西班牙对待自己的子民根本不像生母，反而像养母，让外人富足，却忽视了自己人。"[7] 放高利贷的欧洲银行家可能就属于这一类"外人"，但西班牙人的不满很可能指

向更遥远的东方，特别是中国。美洲开采的银有 1/3 ～ 1/2 最终流入中国的"银渠"。[8] 中国仿佛是一片汪洋大海，无数的银像河流一样源源不断地汇入其中。中国有着悠久而深厚的银器制作传统，那里制作的银器既用于宗教活动，也用于日常生活，但大多数出口到中国的银却被用于满足完全不同的需求。

白银流入中国的原因长期以来被认为是贸易逆差。欧洲人渴望得到东方的奢侈品，如丝绸、香料、瓷器和茶叶，但自给自足的中国人对西方的物品一无所求，这使得欧洲银行空空如也。然而，这种观点忽略了中国人对银的需求。[9]

欧洲国家主要用贵金属制作货币，与此不同的是，中国已经形成了一套不同的金融体系。公元前 8 世纪至公元前 5 世纪，中国人将青铜（铜和锡的合金）铸造成铁锹和刀具的形状来作为流通货币。[10] 今天人们熟悉的方孔青铜硬币在耶稣诞生前就已经在中国流通了几个世纪。因为铜短缺，而且硬币内在价值较低，于是官方于 10 世纪推行了纸币①。早在欧洲采用纸币之前，中国就提出了法定货币的概念，摒弃了商品货币。法定货币的价值取决于政府担保，而商品货币的价值取决于贵金属的价值。然而，使用纸币的问题之一是滥印，这几乎不可避免地会导致通货膨胀。

在接下来的几个世纪里，尽管通货膨胀在恶性循环，但历代王朝都试图强制推行纸币。由于对纸币缺乏信心，明朝政府一度接受了人们用未铸造的银来纳税的做法。图 5-2 是制作于公元前 3 世纪至前 1 世纪的银质蹲马形带饰。图 5-3 是制作于 7 世纪末至 8 世纪初的叶形鎏金银碟。

---

① 世界上最早的纸币是"交子"，发行于北宋时期。——编者注

图 5-2　银质蹲马形带饰

图 5-3　叶形鎏金银碟

在明代，中国的确拥有自己的银矿，位于西南部的云南省，但这些银矿无法满足一个占世界人口 1/4 的国家的需求。到了 17 世纪，中国的城市人口已经超过 100 万。[11] 日本的石见银山也无法满足中国的需求。另一个刺激经济"白银化"的因素是 16 世纪末的明代实施的"一条鞭法"，它将税收合并为一笔款项，用银来一次性支付。银的价值开始飙升，精明的商人抓住机会开始进行高利润的套利交易。在明代，银在中国的价值大约是世界上其他地方的两倍。例如，在南方的港口城市广州，黄金与白银的价值之比为1∶7；在西班牙，这一比例为 1∶14。[12] 换句话说，在中国，可以用更少的白银来购买黄金；而在欧洲，黄金可以换来更多的白银。那些精明的商人就利用这一差价进行交易，导致中国的黄金大量流失。

显然，这种套利交易在一定程度上依赖于贸易自由，而明代在很长的时期内采用限制性贸易政策，并不具备贸易自由这种开放性特征。那么这些早期的套利者是如何进入货币交易市场的呢？答案在于菲律宾的马尼拉。

早在西班牙帝国对菲律宾产生兴趣之前，这个贸易中心就是一个自由市场。它地处中国、日本和马鲁古群岛①之间的战略要地，长期以来吸引着从事黄金、瓷器和枪支贸易的中国商人和印度尼西亚商人。[13] 但它起初不太可能成为西班牙帝国的国际贸易中心。1519 年，为了到达马鲁古群岛，葡萄牙探险家麦哲伦从西班牙塞维利亚出发，踏上了横渡大西洋的旅程。在通过后来被称为"麦哲伦海峡"的航道后，他穿过太平洋，最终到达了后来以腓力二世之名命名的岛屿 Las Filipinas，也就是后来的"菲律宾"。虽然麦哲伦在与当地人的对峙中身亡，但饱受重创的船队最终回到了西班牙，船员在第一次环球航行中逃过一劫。直到 17 世纪 50 年代，腓力二世授权在菲律宾建立殖民地。马尼拉于 1571 年被西班牙侵占。根据研究中国白银贸易的著名历史学家丹尼斯·弗林（Dennis O. Flynn）和阿图罗·吉拉尔德茨（Arturo Giráldez）的说法，这一天就是全球贸易的开启之日。[14]

马尼拉是西班牙帝国一个遥远的前哨，由"新西班牙总督辖区"的总督管理，它被分割为一块块独立的飞地②，其中一块飞地上是官方修建的"欧洲"城镇和殖民地行政中心。潮湿闷热、疟疾横生的马尼拉对欧洲殖民者来说并没有什么吸引力，几十年来，在马尼拉的欧洲居民数量一直都是几百

---

① 马鲁古群岛是印度尼西亚东北部的群岛。古代盛产并出口丁香、豆蔻、胡椒等，有"香料群岛"之称。——编者注

② 飞地指某国或某市境内隶属外国或外市的，具有不同宗教、文化或民族的领土。——译者注

人，这其中还包括行政人员、商人和罗马天主教传教士。另一块飞地是帕里安，这里是由数千人组成的人口密集的华人聚居地。宵禁令规定中国人不得于夜幕降临后在这座有围墙的殖民城市里出现。帕里安是个由仓库、茶馆、商店和住宅组成的集散地，是马尼拉繁华的商业中心。到了17世纪中叶，马尼拉的人口激增至4.2万人，其中有1.5万中国人。中国人的数量是西班牙人数量的两倍，另外，除了2万菲律宾人外，这里还有数千名日本人。[15]

当地的中国人与殖民者之间的关系从一开始就是一种相互依赖却互不信任的关系。马尼拉不过是西班牙在太平洋上的一块踏板，它的唯一用途是中国商品和西班牙白银的交易中心。无论如何，两种截然不同的文化都要在这里进行碰撞和融合。殖民者指望中国人购买他们的白银，同时又依赖中国的工匠、厨师、工人、渔民、牙医、面包师和家庭佣人。[16]然而，殖民者憎恨中国人，他们憎恨中国人数量庞大，憎恨中国人谈判敏锐，可能也憎恨在他们努力劝中国人皈依基督教时对方表现出来的那种顽固态度。殖民者一再要求驱逐中国人，对中国人的交易征收重税，并残酷镇压中国人的抗议。但没有中国人，他们甚至无法烤出美味的面包，因为面包师和面粉都来自中国。[17]

早在西班牙帝国殖民统治之前，中国人就曾到过菲律宾。而当时马尼拉是中国商品的离岸港口。这些商品大多来自中国南方的福建省，途经漳州月港等少数港口。福建省靠海，那里的人们很早就开展了海上贸易。在马尼拉建立之前，月港每年可能会派出一两艘小船前往菲律宾。到了16世纪80年代，月港每年至少要派出20艘满载丝绸、瓷器、棉花、象牙、宝石、漆器和家具的大型帆船。[18]小商贩们租用帆船上的船舱运送货物，虽然航程相对较短，只有10天，但他们仍然要冒着沉船和遭遇海盗的风险航行。靠岸后，他们缴纳货物的关税，并通过代理商将货物卖给西班牙人来换取白银。中国人很快就学会了根据市场需求开拓海外市场。最初，他们出口成匹的丝绸，不久，他们获得了西班牙服装的样衣，并开始为西班牙人提供完全符合欧洲时尚品位的成品服装。他们还源源不断地向西班牙在美国加州建立的传教所输送华丽的丝绸法衣、镀金的圣母玛利亚雕像和婴儿耶稣的大理石雕像。[19]图 5-4 是中国工匠于 17 世纪制造的用于出口的饰片，使用镀金纸包线和丝绸绣制。图 5-5 是清代（18 世纪）工匠制造的出口西班牙的"悲伤的圣母玛利亚"像，用木材、象牙和银制成，镀了金，并用颜料上了色。

图 5-4　17 世纪的中国工匠制造的用于出口的饰片

图 5-5　清代工匠制造的出口西班牙的圣母玛利亚像

太平洋航线与"私掠船"

除了文化差异以外，殖民者和当时的中国商人之间关系紧张还有另外一个原因，那就是大多数银未经注册，是违禁品。在 17 世纪，每年有约 200 万比索或 50 吨银从美洲矿场运往太平洋彼岸。[20] 走私银的数量难以统计，但在某些年份，运往菲律宾的银可能多达 500 万比索。[21] 如此庞大的数量使西班牙的税收损失严重。

秘鲁和墨西哥的白银都沿着太平洋从美洲流向亚洲。尽管大量的银通过安第斯山脉的"后门"走私到大西洋海岸的阿根廷布宜诺斯艾利斯，但是在大部分时间里，西班牙王室是禁止秘鲁和菲律宾之间直接进行贸易的。阿卡普尔科是墨西哥太平洋海岸一个安全的深水港，是美洲和马尼拉之间白银及货物贸易的唯一出入境点。马尼拉大帆船的故事广为流传、经久不衰。

250 年来，由菲律宾热带硬木制成的宝藏大帆船穿梭于太平洋两岸。在最初的几十年里，每年有两艘帆船在海上航行，但很快就减少到每年只有一艘。这艘满载货物的船单程航行 10 000 千米，于 1 月或 2 月从阿卡普尔科出发，船上装载着白银、供给马尼拉殖民地的物资，以及来自新大陆的食品，如红薯、花生和木薯等，船上通常还有数百名船员和乘客。西行的大帆船乘着信风，在春末的时候抵达马尼拉港口。在马尼拉，中国商人与代理商、买家和卖家经过多轮激烈谈判之后，这艘大帆船再次装满丝绸、黄金、香料、地毯、宝石和马来奴隶，准备返程。这艘严重超载的船需要在 6 月中旬的台风季节到来之前离开马尼拉，若有些船只因为某些原因不得不延迟出发，或只是因为运气不佳，就会遭遇到猛烈的台风。R. W. 西尔（R. W. Seale）于 1748 年绘制了从阿卡普尔科到马尼拉的太平洋贸易航线图。

有时，迫于台风的威胁，船员和乘客不得不返回马尼拉，这被称为"阿里巴达现象"（arribada）。这种现象会对经济造成损害，是一种不得已而为之的做法。船员和乘客在海上迷路的情况也不时发生。马尼拉至墨西哥的航线不仅要穿过台风带，而且要经过约有 7 100 个岛屿的菲律宾群岛，那里的海岸线不规则，还有珊瑚礁和暗礁，是个危险的航行地带。此外，大帆船上货物众多，在贪婪的海盗眼里，这是体积庞大、移动缓慢的猎物。在两个半世纪的时间里，有 40 艘帆船因沉船或海盗活动而失踪。当时，发生灾难的概率高得出奇，几乎每次航行都会有经济损失和人员丧生。通常情况下，直到大帆船未能如期出现在马尼拉或阿卡普尔科，人们才会知道发生了什么。随着时间一天天过去，却没有任何消息传来，人们对大帆船遇难的怀疑就渐渐成为现实。这些满载财宝的大帆船为海盗和敌舰带来了丰厚的回报。英国人尤其热衷于煽动"私掠船之火",并认为"从米尼拉(即马尼拉)出发的船只远比返回米尼拉的船只富有,因此应该尽一切努力及时拦截"。[22]

几个世纪以来,破坏大帆船贸易一直是英国航海家的目标。英国人设法截获了 4 艘西班牙大帆船。其中最令人心酸的也许是不幸的"圣安娜号"(Santa Ana),它于 1587 年从马尼拉出发后,先是遭遇了台风,经过大修后继续航行,但在接近加州亚巴哈海岸时,又遭到了英国托马斯·卡文迪什(Thomas Cavendish)的船队中"满足号"(Content)与"欲望号"(Desire)的袭击,这两艘船真是恰如其名。虽然"圣安娜号"要大得多,但作为一条商船,为了增加搭载货物的空间,它并未安装大炮,所以它根本不是全副武装的英国船只的对手。卡文迪什把尽可能多的黄金、丝绸、香料和葡萄酒搬到自己的船上,然后点燃了"圣安娜号"。在此之前,他将"圣安娜号"上的 190 名西班牙人和菲律宾人送到了一个海滩上。马尼拉官员在 1588 年给腓力二世的一封信中悲痛地写道:"这是这片土地上发生的最大的不幸之一。"卡文迪什带着战利品返回格林威治,"欲望号"上挂着蓝色锦缎船帆,每个水手的脖子上都戴着一条金链子。[23] 如果能够安全抵达,大帆船从马尼拉返回阿卡普尔科需要 6 个月,这段航程漫长而艰辛。

由于风向,大帆船会先向北航行到加州海岸,然后再向南航行到墨西哥海岸。通常情况下,有些船员和乘客会在途中生病或死亡。传说有一次,一艘大帆船像幽灵船一样漂到阿卡普尔科,而船上的船员早已在海上因疾病而全部死亡。[24] 当大帆船驶入阿卡普尔科港口时,皇家国库的官员会在港口迎接,这些官员的任务是确保货物缴纳关税。只有在官员们检查完之后,船上众多病人才能被送往医院,健康的人才能前往教堂,船上的货物才能被卸下。返乡之旅的高潮出现在阿卡普尔科集市期间。德国自然科学家亚历山大·冯·洪堡(Alexander von Humboldt)将该集市描述为"世界上最负盛名的集市"。[25]

当大帆船出现在海岸时，成千上万的墨西哥商人、秘鲁商人、原住民商人、西班牙官员、修士和乞丐便开始聚集在冷清的阿卡普尔科。大帆船抵达后，菲律宾人和中国人也会加入他们的行列。1697 年 1 月的一篇报道描述了这里从"纯朴的乡村到人口密集的城市"的转变，这里挤满了"来自墨西哥的商人，他们带着大量的 8 里亚尔银币"。[26] 在那狂热的几天里，世界各地的货物在阿卡普尔科进行交易。喧嚣消退后，丝绸、瓷器、黄金和香料被装上骡队，沿"海上丝绸之路"先运到墨西哥城，再运到韦拉克鲁斯港，然后从那里运往西班牙。美洲人和欧洲人对中国丝绸的渴求似乎与中国人对白银的渴求一样强烈。即使在穿越太平洋和大西洋之后，中国丝绸也能使商人获得可观的利润。与银一样，丝绸就像河流一样流动，人们用丝绸为波托西的圣母雕像制作斗篷，为阿卡普尔科的牧师制作法衣，为墨西哥城的女士制作长袍，为塞维利亚的贵妇制作长袜，为阿姆斯特丹阔气的汉堡店制作地毯。

一个"镶银边"的荷兰黄金时代

大量的白银经由马尼拉运抵中国，另外，据估计每年还有 150 吨白银经由欧洲运抵中国，这其中的很大一部分是经由阿姆斯特丹运抵中国的。[27] 随着 17 世纪的发展，阿姆斯特丹成为世界上最重要的贸易中心之一，吸引了世界各地的商人，其中有雄心勃勃的生意人，也有欧洲的银行家。低地国家 ① 的北部省份在 1581 年宣布独立，脱离西班牙帝国的统治。但直到 1648 年，西班牙帝国才最终承认荷兰独立。起义的贵族们使用银质的半月形令牌来表达他们对建立自己国家的雄心壮志。图 5-6 是荷兰工匠于 1574 年制作的银质半月形令牌。新成立的荷兰共和国专注于贸易和商业，并迅速成为一

---

① 低地国家包括荷兰、比利时和卢森堡，这一称呼是旧称。——译者注

个资本主义国家，通过贸易来打
败敌人。

1602 年，荷兰东印度公司
（荷兰语缩写为 VOC）成立，这
促使阿姆斯特丹成为世界上最重
要的商业中心之一。荷兰东印度
公司从印度尼西亚进口香料，从
中国进口瓷器和茶叶，从加勒比
海进口盐和糖，从地中海进口水
果和坚果，并向中国供应产自欧
洲和日本的银。银器为设备齐全

图 5-6　荷兰工匠制作的银质半月形令牌

的荷兰住宅增光添彩，而装裱的地图则暗示了这些财富是如何积累起来的。
荷兰共和国的优势更多是作为中间商，在美洲、欧洲和亚洲之间采购并销售
商品和奢侈品。

荷兰东印度公司是世界上第一家大型跨国公司，白银促进了其业务的发
展。该公司在亚洲建立了一个由数百个贸易站组成的贸易网络，其中最重要
的是巴达维亚（即今天的雅加达）的贸易中心，这个贸易中心控制着那里
的香料贸易，每年都有两三支全副武装的荷兰船队绕过好望角航行到亚洲。
1600 年，荷兰代表团与日本建立了贸易联系。作为对日本的宗教没有兴趣
的贸易伙伴，荷兰人受到了日本人的热烈欢迎，并成为唯一获准与日本人进
行贸易往来的欧洲人。虽然贸易范围仅限于长崎，但荷兰东印度公司抓住并
利用这个机会向中国供应日本产的银。

17 世纪的荷兰静物画，尤其是描绘奢侈品的静物画，沉醉于展现荷兰
共和国的全球贸易带来的丰富物品：桌子上堆满了来自中国的丝绸和瓷器、

来自地中海的水果、来自威尼斯的玻璃和闪闪发光的银器。荷兰银匠的精湛技艺真实反映了荷兰东印度公司对世界的影响。图 5-7 是约翰内斯·维米尔（Johannes Vermeer）于 1662 年创作的布面油画《拿水壶的年轻女子》（*Young Woman with a Water Pitcher*）。图 5-8 是威廉·克拉斯·海达（Willem Claesz. Heda）于 1635 年创作的画板油画《静物：镀金的酒杯》（*Still-life with a Gilt Cup*）。

图 5-7　约翰内斯·维米尔创作的布面油画《拿水壶的年轻女子》

图 5-8　威廉·克拉斯·海达创作的画板油画《静物：镀金的酒杯》

第 6 章

银在现代社会中的新角色

一辆马车隆隆驶过布满车辙的小路，载着一队拓荒者向西驶去。天气炎热，尘土飞扬，水源匮乏，但帆布下的一壶牛奶却没有变质，因为壶的底部有一枚银币，这是广为人知的拓荒者传说。[1]把银币放进牛奶里并不是为了防小偷，这种防小偷的办法就像把钥匙塞到门垫下一样没用，银币是用来防止牛奶变质的。

几千年来，银因稀缺而备受重视。作为一种可兑换的财富，它在制作钱币、珠宝和餐具方面表现出色。银之所以备受青睐，一是因为其价值高昂，二是因为其诱人、闪亮的外观。然而，如今全球一半以上的银被用于工业用途，这与这种金属的稀缺性和美观的外表无关。[2]几十年来，银独特的化学和物理特性引发了新的需求。

银盐，让摄影图像栩栩如生

银盐可以奇迹般地使摄影图像变得栩栩如生，在人们发现这一点之前的几个世纪里，玻璃制造商就开发出银在"图片制作"方面的潜力了。古罗马人把彩色玻璃片嵌入窗框中，创造出了简单的装饰窗户，而彩色玻璃制作艺术在中世纪的欧洲大教堂达到了巅峰。玻璃是通过加热沙子和木灰（碳酸钾）然后冷却制成的，中世纪的工匠们试着将粉末状的金属混入熔化的混合物中，结果产生了蓝色、红色和棕色的玻璃。工匠们把彩色玻璃片装入铅制的框架中，并在细节处涂上黑色油漆。但他们很难生产出黄色的玻璃，这是用于制作圣人光环或太阳光线必不可少的明亮、清晰的材料。

解决这一问题要采用完全不同的方法。工匠们不再将金属粉末混入熔化的混合物，而是将硝酸银或氯化银等银化合物添加到黏土等黏合剂中制成糊状物，然后将糊状物涂在透明玻璃上，再放到窑炉中烧制。烧制过程中的化学反应使糊状物呈现黄色。根据窑炉的温度、烧制时间和浆料的厚度，其颜色可呈现从浓郁的蛋黄色到淡金色等不同的色调。最早的银染色工艺可以追溯至 14 世纪上半叶，当时法国工匠制作出了非常精致的作品。[3]此后，工匠们不再用小玻璃碎片构造出细节，而是直接绘制出精致的细节，如野玫瑰上的花粉粒、天使的头发、书页的镀金边缘或火焰。随着掌握的银染色技术越来越娴熟，工匠们生产出大量由单块彩绘玻璃制成的小圆盘，这些小圆盘通常供家庭使用。从 15 世纪起，工匠们开始通过在蓝色玻璃上涂上银染料来创造绿色的细节，从而扩大了彩色细节的范围，他们从此不再需要单独的铅件。图 6-1 是彩绘玻璃制品《加冕圣母与圣婴》（*The Growned Virgin and Child*），又称《阳光下的天启女人》（*The Apocalyptic Woman Clothed in the Sun*），该作品制作于 15 世纪晚期的德国，通过在无色玻璃上涂上玻璃漆和银染料制成。

图 6-1　彩绘玻璃制品《加冕圣母与圣婴》

在中世纪，银彩玻璃可以反映艺术家对物质世界和形而上世界的看法。而在 19 世纪，银可以表达现实本身，并把过去定格在照片中。摄影是人们出于对再现外界形象的渴望而发明的艺术，当代人对艺术和科学的兴趣推动了摄影的发展。艺术家长期以来一直在尝试使用暗箱等光学设备来帮助他们描绘外部世界，17 世纪荷兰的室内装饰和街景就是使用暗箱的典型实例。后来，在 1833 年，英国业余艺术家威廉·亨利·福克斯·塔尔博特（William Henry Fox Talbot）表示，他对使用明箱的结果深感失望。明箱的使用方法是将图像投射到一张纸上，供艺术家临摹。在谈到他为描绘意大利科莫湖周围壮丽景色所做的令人沮丧的努力时，他说："如果能让这些自然景象在纸上留下持久的印记，那该有多迷人。"[4]

过去，艺术家可以利用光学设备捕捉图像，却没办法保存图像，而在科学界，化学家发现银盐遇到光就会变黑，这似乎提供了一个解决办法。早期的实验离解决问题只有一步之遥：在实验中，图像被投射到用银盐处理过的物体表面，画面会立刻显现，但随后物体表面就因遇到光而全部变黑。在法国，戏剧设计师路易斯·达盖尔（Louis-Jacques-Mandé Daguerre）在这方面取得了突破，他在视觉戏剧方面的天赋使他意识到这种媒介的可能性。他与业余科学家尼塞弗尔·涅普斯（Nicéphore Niépce）合作发明了一种方法，可以在涂有银盐的铜板上显现图像，并用盐溶液将图像保存下来。

在英国，达盖尔的成功激励了塔尔博特，塔尔博特多年来一直在研究一种保存图像的方法：在书写纸上涂上盐和硝酸银，然后将这种感光纸放在微型相机中。他妻子将这种微型相机称为"捕鼠器"。最终，按照塔尔博特的朋友、天文学家约翰·赫舍尔爵士（Sir John Herschel）的建议，他们使用硫代硫酸钠作为定影剂，并取得了成功。硫代硫酸钠立即成为照片影像定影最有效的材料，并且在此后的几十年里一直如此。由此可知，摄影能取得成功是因为它将化学和艺术进行了结合。

从 19 世纪中叶起，蛋白印相成为最常见的冲印工艺，即将蛋清（蛋白）和盐的乳剂涂在相纸上，然后在硝酸银溶液中浸泡。虽然通过蛋白印相冲洗的照片很容易褪色，但奶油色的高光和天鹅绒般的棕色阴影使这种照片有着独特的美感。到了 19 世纪末，明胶银盐印相取代了蛋白印相，并在此后几十年里得到了普遍应用。明胶是一种动物蛋白，可以用作银盐的黏合剂，用明胶银盐印相冲洗的照片能够呈现从浓郁的黑色到纯净的白色等色调。正是因为银的存在，现在的人们才能看到法国画家罗莎·博纳尔（Rosa Bonheur）的样子，才能看到世界主要城市从前的景观：经豪斯曼 ① 规划之

---

① 豪斯曼指的是乔治-欧仁·豪斯曼男爵（Baron Georges-Eugene Haussmann），他是法国城市规划师、拿破仑三世时期的重要官员，因主持了 1853 年至 1870 年的巴黎重建而闻名。——译者注

前的巴黎，被 1906 年的地震夷为平地的旧金山，以及进入现代化之前的上海。人们可以知道曾祖父母小时候的样子，年龄较大的人也能忆起自己的孩子在婴儿期的样子，以及自己年轻时的样子。图 6-2 是朱莉娅·玛格丽特·卡梅伦（Julia Margaret Cameron）于 1866 年拍摄的蛋白印相照片《儿童头像，淡水》（*Child's Head, Freshwater*）。图 6-3 是沃克·埃文斯（Walker Evans）于 1936 年拍摄的明胶银盐印相照片《少女》（*Young Girl*）。

图 6-2　朱莉娅·玛格丽特·卡梅伦拍摄的照片《儿童头像，淡水》

自 1839 年银版摄影法被发明以来，世界各地为加工照片消耗了大量的银。21 世纪初，每年由此消耗的银超过 6 000 吨。几年后，随着数码摄影的日益普及，这一数字下降了 2/3。[5] 如今人们拍摄的大多数照片都不会被冲印出来，但这些照片可能在社交媒体等网站上被成千上万人分享。后文将谈到，拍摄和浏览数码照片所使用的电子设备也会消耗银，但与近两个世纪以来专业和业余摄影师冲洗底片所消耗的银相比，这只是很少的一部分。

图 6-3　沃克·埃文斯拍摄的照片《少女》

在抗生素出现之前

银既可以保存我们的记忆，又可以保护我们的健康。在费城巴恩斯基金会的收藏品中，有一幅现代时期的知名画作：野兽派画家马蒂斯于 1906 年创作的作品《生活的欢乐》（*Le Bonheur de vivre*），这是一幅歌颂人类全盛时期的艺术品，彰显着健康、活力和生机。画作中的人们欢快地载歌载舞、相拥斜卧，他们清澈的皮肤在伊甸园般明亮而纯净的黄橙绿色调的映衬下显得更加光彩夺目。这幅画的意境恰如其分，因为在这个系列的收藏品中，这幅画最终要体现的是健康产业的发展，特别是一款以银为主要成分的产品的发展。这款产品使基金会创始人获得了财富，从而为其收藏提供资金赞助。

19 世纪 80 年代，德国产科医生卡尔·克雷德（Carl Crede）开始使用硝酸银眼药水，目的是防止新生儿在产道中因接触细菌而发生眼部感染。其结果令人印象深刻：可能导致失明的感染率从近 8% 迅速下降到 1‰多一点。[6]但其弊端也很明显，硝酸银会刺激新生儿脆弱的组织，而这本身就可能导致感染。各家制药公司意识到这款眼药水的潜在市场巨大，于是争相开发更安全的产品。1902 年，美国医生阿尔伯特·巴恩斯（Albert Barnes）和他的德国同事赫尔曼·希勒（Hermann Hille）研制出一种由银和小麦蛋白组成的化合物，他们将其命名为"弱蛋白银"，并向有影响力的外科和内科医生大力推广。作为一名精明的医生兼企业家，巴恩斯抓住机会，在全球范围内对弱蛋白银进行商业开发——他成立了一家总部设在三大洲的公司。虽然有竞争对手，但弱蛋白银很快在一些地区的市场中占据了主导地位，特别是在法律规定新生儿必须使用抗菌滴眼液进行治疗以后。到了 1907 年，巴恩斯已经成为百万富翁。[7]

巴恩斯在年轻时就决定用出售弱蛋白银获得的利润来收藏艺术品，他运用自己一贯的商业头脑，专注于收藏当时评价较低和不受赏识的印象派和后印象派画家的作品。就这样，他积累了一批不可复制的无价之宝，这令世界各地的博物馆羡慕不已。而他之所以有能力收藏这些藏品，竟然是因为我们的祖父母刚来到这个世界时，他们的眼睛里被滴入了一种银化合物。

当然，无论是巴恩斯还是他19世纪的前辈们，都不是最先发现银具有抗菌特性的人。几千年来，人们已经注意到银可以用来保存水、牛奶和葡萄酒。早期的医生记载了银在抗感染和预防疾病方面的功效，他们还使用银器来治疗疾病。西方医学奠基人希波克拉底（Hippocrates）建议将银粉撒在溃疡处进行治疗。[8] 历史上的药典标明了银的各种创造性用途，包括治疗烧伤、血液疾病、癫痫、梅毒、心脏病、口臭，甚至黑死病等。早期的外科医生认识到银不会引起人体的过敏反应，因此他们试验使用银假体，但这些假体有时看起来并不协调。颇有影响力的丹麦天文学家第谷·布拉赫（Tycho Brahe）在一次斗殴中失去了部分鼻子，于是用金银合金假体取而代之，第谷因此被称为"银鼻子人"。一天晚上，他的银鼻子被他的宠物狗弄坏了，于是他又制造了14个银鼻子，其中一个最终归伏尔泰所有。[9] 图6-4是欧洲工匠于18世纪至19世纪制造的儿童银药匙。图6-5是制造于17世纪至19世纪的镀银人造鼻子。

图6-4　欧洲工匠制造的儿童银药匙

图6-5 镀银人造鼻子

在银的运用方面，有些例子很成功，但也有反复失败的例子。美国亚拉巴马州的一位外科医生发明了一种用银丝缝合伤口的方法，他大获成功，这种方法也使伤口缝合技术向前迈进了一大步。J. 马丽昂·西姆斯（J. Marion Sims）如今被认为是"现代妇科之父"，他曾于19世纪中期在美国南部的蓄奴社会行医。当时，女奴的分娩过程常给身体造成严重损伤，于是他发明了一种手术方法来改善因长时间难产而导致尿失禁的状况。[10] 最初，他尝试用丝线缝合手术切口，但没有成功，而且总是造成感染。后来，他向一个珠宝商求助，这位珠宝商为他制作了精细的银线用作缝合线。1849年，在第一次尝试用丝线缝合的4年后，他治愈了一名经历了29次手术失败的年轻妇女。[11] 对这位年轻的外科医生来说，这是一次胜利，他后来在纽约创立了妇女医院，并在整个欧洲展示他的银线缝合技术。

这一切都是西姆斯在不了解细菌理论的情况下完成的，几十年后，直到路易斯·巴斯德（Louis Pasteur）和罗伯特·科赫（Robert Koch）开创性地在实验室里发现了导致疾病的病原体，细菌理论才得以确立。继巴斯德和科赫取得突破之后，在20世纪的头几十年，银箔常被用来包扎伤口和抑制感染。而硝酸银则被用来治疗烧伤和皮肤病，也可以有效治疗许多眼部疾病。在第一次世界大战期间，银化合物经常被用来清洗伤口，胶体银（悬浮在液体中的超细银颗粒）在当时被当作灵丹妙药，广泛用于治疗各种疾病。时至今日，虽然存在争议，但胶体银仍是一种备受推崇的保健品。

随着 20 世纪 40 年代抗生素的发明，银在医疗保健中的应用不断减少。但从 20 世纪 90 年代起，这种金属再次被应用于医疗器械的涂层、骨结合剂和绷带中，同时也被应用于医院环境，用在滤水器、床栏杆、门把手和衣服上。银被广泛用于抑制细菌，这背后的一大推动力就是纳米技术的发展，纳米技术的研究对象通常是 1～100 纳米的物质颗粒。1 纳米究竟有多小？ 1 纳米为 10^{-9} 米，相当于指甲在 1 秒内生长的长度。相比之下，一根头发丝的直径就大得多了，约为 10 万纳米。[12] 虽然纳米技术是一种新技术，但纳米级颗粒不是。100 多年来，科学家一直在使用纳米级颗粒，但他们并不了解其组成。目前的纳米技术指的就是操纵和合成这些微小粒子以制造物质的方法。化学家和材料科学家们把小原子团组合起来，并将其整合到塑料、纺织品、涂料和凝胶中。

在纳米级别上，银的抗菌性更加明显，这一研究结果使抗菌产品爆炸式增长，而且产品的应用范围也远远超出了传统医疗保健的范畴。如今，纳米银被应用于数百种消费品，从运动服装（纳米银有助于抑制细菌，防止身体产生异味）到瑜伽垫、内衣、游泳池过滤器、床上用品、化妆品和婴儿奶瓶等，很多产品中都含有纳米银。公共汽车的扶手、韩国的牙膏和中国香港地铁的消毒喷雾剂中也含有纳米银。[13] 涂有纳米银的陶瓷滤水器已作为解决发展中国家清洁饮用水供应问题的灵丹妙药加以推广应用。人们还相信银能吞噬微生物，这使得银最终出现在一些不常见的地方，如人体内。

然而，如果人体吸收过多的银，会使皮肤变蓝，给人们带来外表方面的尴尬，还会造成银中毒。不过，银对环境的影响则是另一回事了。在某些情况下，银聚集在沉积物和水中，会污染水源，并对水生生物构成严重威胁。例如，在二十世纪七八十年代，传统摄影风靡全球，一些国家对环境监管不力，导致银污染了水道，破坏了环境。[14]

银会对人体和环境造成影响，我们对此已有一定了解，但我们对纳米银造成的影响还知之甚微。过度使用抗生素的经历提醒我们，对好东西不应该趋之若鹜。越来越多的人担心，过度使用纳米银可能会导致新一代的耐银细菌产生。[15]虽然人们对此仍知之甚少，无法做出准确的风险评估，但目前可见的现象是纳米银产品激增，人类对银的需求变化使银给环境、人体带来更深的影响。

电路板中的银，思想的新载体

这是全世界都熟悉的场景：洛杉矶的高速公路拥堵不堪，孟买的高速公路川流不息，上海的高架桥上密密匝匝，墨西哥的城市公路摩肩接毂，伦敦的环路水泄不通……交通拥堵就是城市的象征。虽然交通可能会陷入拥堵，但每辆车内的银却能确保其电子元件平稳、顺畅地运行。劳斯莱斯的"银魅"可能是汽车史上最负盛名的汽车之一，但即使是当今一辆最普通的汽车，也可能含有 16 克银。[16] 40 多个银触点开关有助于人们启动汽车、调整电动座椅、打开车灯、打开电动车窗和给后挡风玻璃除霜。银是一种极好的电导体，2014 年，电气和电子行业对银的需求约占全球银工业需求的 45%。[17]

不仅地面交通需要银，空中交通也依赖银。飞机发动机能在高温下持续地安全运转，就是因为有镀银轴承。由于银具有抗腐蚀性且摩擦力小，它可以在快速移动的钢制部件之间充当润滑剂。虽然银的用量很小，每个轴承只需几纳克银，但这少量的银对重型机械在高应力条件下的平稳运行影响巨大。

当代生活中，人们理所当然地认为许多便利设施都依赖银。当人们轻触手机来开机，或触动微波炉、电视和恒温器的控制装置时，其实是通过含银薄膜开关控制它们。因为有了银，人们就可以一边查看电子邮件，一边用微波炉加热饭菜并调节厨房温度。如今最基本的消费品，如笔记本电脑、台式机、电话、电视，都使用银印制电路板，这些电路板为互联的世界创造了基本的电子通道。未来的技术发展可能会提出其他解决方案，但在此之前，人们的生活都离不开这种白色金属。

当银被用于开关或电路板时，它的结构和化学特性能确保电流不间断流动；作为润滑剂，银能使机器保持运转；氧化银纽扣电池则为手表和计算器提供动力。银不仅能促进能量流动，还能以太阳能的形式储存能量。目前，人们广泛使用的太阳能电池板中含有光伏电池，其中银浆被用作电流的导体。截至 2016 年，太阳能电池板使用了 20 亿克的银。[18]

过去，银以货币的形式促进了思想和意识形态的传播，也促进了军队的调遣和贸易的开展；如今，银印制电路板实现了大致相同的功能。多元化的思想可以通过银这个载体传播到世界的任何地方。

第 7 章

银器，地位的象征

人类不仅用银铸造货币，而且用银创造谚语："含着银汤匙出生"（born with a silver spoon in one's mouth）[1]、"放在银盘子里"（presented on a silver platter）[2]、"每朵云都有银边"（every cloud has a silver lining）[3]。从"银舌"（silver-tongued）[4] 到"银弹"（sillver bullet）[5]，人类的语言中充斥着大量这样的表达，这说明我们赋予了银复杂的含义。

　　当然，这些意义是人类创造出来的。要使用 the family silver[6] 而非 the family tin 这样的表达，需要人

①　比喻"出身富贵"。——译者注
②　比喻"无须费劲，唾手可得"。——译者注
③　比喻"黑暗中总有一线光明"。——译者注
④　比喻"伶牙俐齿、能说会道"。——译者注
⑤　比喻"良方、高招"。——译者注
⑥　这个词意为"传家宝"。——译者注

类长期以来达成共识。我们可以说，金银是权力和地位的象征，但更有趣的是探究其中的原因，找出金银是如何在数千年的时间里，在不同的文化中保持相当稳定的意义的。关于银，有两个观念似乎与它闪闪发光的事实一样无法改变：一个是银象征着地位，另一个是银代表着纯洁。

自从人类学会了从地下开采银以来，银就一直被用来彰显地位。含银的矿石在地球上分布不均匀，只有局部地区才有，因此银很早就被认为是稀有和珍贵的，是需要经过努力才能提炼出来的。经过精心打磨后，银器表面变得光洁，泛着均匀的光泽，这使银器更加令人垂涎。银器可以赋予其所有者地位，这时银的价值便从物品上转移到了人身上。我们珍视稀有物品，我们也珍视闪闪发光的物品。在人类看来，银在很长一段时间内都是最闪亮的金属。进化心理学最近的研究表明，人们容易被光泽吸引的背后有一个有趣的原因：闪闪发光的表面会使人们想起维持生命所必需的水。

此外，正如在历史上拥有洁净的水一直是权力的标志一样，拥有闪亮的、令人向往的物品也曾经是威望的标志，这种观念深深根植于人们的大脑中。[1] 尽管人们认为闪耀等同于精致，但这很可能是人类的"蜥蜴脑"① 促使我们这样想的。图 7-1 是当代美国艺术家莱斯利·刘易斯·西格勒（Leslie Lewis Sigler）于 2011 年创作的布面油画《传家宝家族》（*Family of Heirlooms*）。

---

① "蜥蜴脑"是人脑中掌管与理性思考无关的思维活动的那部分区域。也就是说，它掌管的并不是大脑中擅于分析和理性思考的那部分区域，而是感情用事、善于缅怀过往的那部分区域。——译者注

图 7-1 莱斯利·刘易斯·西格勒创作的布面油画《传家宝家族》

金银陪葬品彰显逝者地位

几千年来，金银一直是地位的象征，在大部分时间里，人们坚信金银永远是珍贵的。虽然人们有各种想法、各种做法，但他们都认为：用奢侈品和贵金属来为富人和权贵陪葬，是对他们在世时的显赫地位的一种认可，也是对他们来世能继续拥有显赫地位的一种保障。能够穿着华丽的服装，随着贵重的陪葬品下葬，这在很长一段时间内一直是活着的人十分在意的事。

二十世纪二三十年代是考古挖掘的黄金时代，这一时期用于考古挖掘的资金非常雄厚。莱纳德·伍利（Leonard Woolley）在古代美索不达米亚的乌尔遗址（Ur），即现今的伊拉克南部，挖掘出了公元前 2500 年左右的精美金银器皿。英国"推理女王"阿加莎·克里斯蒂曾到访该遗址，她后来嫁给了伍利的考古助理。在乌尔遗址出土的银可能是与邻国安纳托利亚交易而来的，因为那里有大量银矿。古代美索不达米亚人认为宇宙是一个球体，分为生者的世界和逝者的世界，逝者的世界特别冷清，那里的食物难吃，水又苦涩。在墓坑中发现的凹槽银杯、珠宝和银质眼影盒可能是生者为了帮助逝者应对那个世界的恶劣条件而准备的，也可能是送给冥界神灵的礼物。木制七弦琴上镶着银片，点缀着贝壳和青金石，人们相信用它演奏的音乐能够使因恶劣的环境而脾气暴躁的众神平静下来。

有些文化认为，今生和来世之间的界限非常模糊，所以人们重点关注的是确保自己能够安全、舒适地去往另一个世界，这是可以理解的。古埃及人很重视死亡，由此我们可能会联想到图坦卡蒙标志性的黄金面具[①]。但在古埃及的早期历史中，银的价值其实更高，部分原因是因为在当时的古埃及，银更稀有。众神的皮肤是金质的，但他们身体最基本的部分——骨头，也许是银质的。

由于当地银矿稀少，所以古埃及人可能从古希腊进口了这种金属，当然他们也可能是在自己的金矿中发现了这种金属。在自然界中，金和银可以形成一系列合金，从"黄金银"（含金量超过 5% 的银）到"银黄金"（含银量约 20% 的金），种类繁多，这些合金通常被称为"金银合金"。人们对古埃及墓穴中出土的银器进行了分析，分析结果似乎支持这样一种观点：古埃及金矿的银产量可以满足当时制作项链、圣甲虫护身符[②] 和为上层人士打造棺材的需求。[2] 古埃及人最早把银称作"白金"，这已经能说明问题了。1939 年，在英国东安格利亚地区的萨顿胡（Sutton Hoo）[③] 古墓中发现的银器是迄今为止在坟墓中发现的最光彩夺目的银器之一。在一艘约 27 米长的船上（这艘木船如今只剩下一个幽灵般的残骸）有一间豪华的墓室，这可能就是东盎格鲁的国王和他的珍宝最后的安放之处。除了黄金、宝石和种类繁多的纺织品外，墓室中还有许多制作精美的银器，这些银器很可能是

① 图坦卡蒙（公元前 1341 年至公元前 1323 年）是古埃及新王国时期第十八王朝的法老。黄金面具是其死后所戴面具，发现于他的陵墓中。——译者注
② 圣甲虫护身符为埃及法老的护身符。——译者注
③ 萨顿胡是 7 世纪的皇家墓地。1939 年，考古发掘显示此处为一条古代战船改造成的墓地。——译者注

拜占庭帝国赠送的礼物。盎格鲁-撒克逊的史诗《贝奥武甫》（*Beowulf*）中为这些"蜂蜜酒大厅"①专用的银碗、杯子、汤匙和镶银的角杯等珍宝塑造了一个欢乐的生活背景。萨顿胡古墓是私人财富的宝藏，它也向人们展示了慷慨英勇的主人如何用珍宝装饰和布置宴会厅，以奖励忠诚的追随者。图 7-2 是古埃及的一尊银质女人雕像。

图 7-2　古埃及银质女人雕像

注：该雕像的制作时间为公元前 610 年至公元前 595 年。

最令人愉悦的也许是公元 618 年至 907 年由中国唐代的工匠所打造的来世形象。唐代贵族遵循早期的传统和信仰，将来世视为今生的延伸。他们给自己准备了豪华的多室墓穴，里面装满了珍宝和日常用品。墓室中的陈设有的实用，如运输用的泥马和战车、多层微型别墅、食物和葡萄酒；有的则很奢华，如从丝绸之路招募来的外国音乐家的泥像、精美的金银餐具、珠宝和化妆品。唐代的中国是中世纪贸易范围最广的国家，其贸易网络延伸到如今的伊朗、日本、朝鲜和越南。都城长安（现在的西安）是一个国际化的大

① 《贝奥武甫》中提到了蜂蜜酒和蜂蜜酒大厅。蜂蜜酒是用蜂蜜酿造的酒，北欧的维京人最爱喝蜂蜜酒。物以稀为贵，喝蜂蜜酒在当时已然成为身份的象征。喝蜂蜜酒的场所"蜂蜜酒大厅"也要尽显奢华，要有高大的柱子和黄金装饰。在某种程度上，蜂蜜酒大厅已经成为国王权力的象征，在蜂蜜酒大厅中纵酒狂欢也是一种展现权力的方式。——译者注

都市，达官贵人们的陪葬物品的来源和装饰反映了大唐帝国广阔的贸易范围。例如，从西安周边的古墓中出土了银锭、日本硬币、波斯银币、拜占庭黄金、波斯银盘、银杯、银碗、化妆品盒和精美的银饰。[3] 在唐代，墓葬中的日常必需品就是来世必需品。图 7-3 是中国唐代的银剪。

图 7-3　中国唐代的银剪

注：银剪的制作时间为 618 年至 907 年。

达官贵人们拥有极其丰富的财富，他们因此经常将大量的珍宝与逝者一起埋葬。这可能会令人心生敬畏，但也会招致责难。官方经常发布禁令，禁止达官贵人们大张旗鼓地将大量陪葬品从首都运到墓地。这突显了这样一种观念，即逝者的地位高低在很大程度上取决于其墓葬中炫耀的财富，而且旁观者也会对此进行比较。

餐桌上的奢华银器与用餐礼仪

坟墓中出土的银器通常与用餐有关。许多宗教都认同"盛宴是永久的"这一观念：今生生存的核心是食物，这一点会延续到来世。用餐也满足了人们一些其他的需求，例如融入某个群体、关怀教导他人，以及在更复杂层面上的交际和认知自我。如果某人有机会作为宴会主人慷慨解囊，就能给他人留下深刻的印象，以便在竞争中取胜。为此，他需要获得大家一致认同的身份标志，例如昂贵而稀有的食物、衣着优雅的侍从和奢华的餐盘。

银一直被视作稀有、昂贵之物。此外，银的延展性好、光泽度高，这意味着银可以被加工成各种形状，以便体现出其所有者的品位、学识和时尚感。除了餐桌，还有什么地方更适合展示银器呢？在餐桌上，地位之争和尔虞我诈不可避免。某人该坐在餐桌的什么位置？旁边是谁？离主人多远？离盐罐这样看似无关紧要的物品多远？该上什么菜？具体用什么食材？先给谁上菜？这些都体现了宴会上的地位之争。

虽然艾玛·包法利（Emma Bovary）的故事是虚构的，但她的愿望表明了餐桌上银器的巨大诱惑。福楼拜于1856年创作的小说《包法利夫人》可能是一部描述性爱和购物的小说，而银始终贯穿在这个令人陶醉的组合中。在嫁给一位毫无情趣的乡村医生后不久，艾玛就意识到她对财富和地位的追求远远超出了自己的能力范围。

正如我们如今所认为的那样，艾玛的问题是自我实现受挫。她应邀参加一个难得的舞会，由此看到了摆着琳琅满目的物品的餐桌，那些令人陶醉的精致肉品、松露、龙虾、鹌鹑、芬芳的花束、精美的亚麻布和映衬着烛光的银器，正是她向往的奢华浪漫生活的形象。

图7-4是一张摆满银器的餐桌，餐桌上摆放着1763年德国制造的成套银制餐具，由希尔德斯海姆主教弗里德里希·威廉·冯·威斯特法伦（Friedrich Wilhelm von Westphalen）委托制作。

图 7-4　一张摆满银器的餐桌

　　在那次经历的刺激下，艾玛采用了最常见的做法：用自己买不起的东西来显示自己的地位。当她和初恋情人在一起时，她送给对方一根手柄镀银的马鞭作为定情信物，以此显示她的优雅。银作为一种身份的象征，一直贯穿在包法利夫人臭名昭著的堕落之路上。珠宝店橱窗里的银饰和餐桌上的银器闪闪发光，都比她自己的奢华。为了不欠债，她典当了银质结婚礼物。她即便在恳求公证人拯救自己，使自己免于身败名裂时，仍在羡慕公证人桌上擦得锃亮的银器。

古罗马餐桌，古希腊用餐礼仪的效仿者

效仿是奉承的简单形式，而且正如包法利夫人所发现的那样，模仿有时还很危险。要模仿我们钦佩的人，最简单的方法就是拥有他拥有的东西。正是这种拥有的冲动，促成了几个世纪以来许多人大大小小的成功。也正是这种难以抗拒的冲动，使我们拥有了古代世界最精致的银器：古罗马贵族和他们的效仿者都在桌上摆满了银器。在过去的两个世纪里，在几次考古活动中，古罗马晚期在宴会上使用的大量银器被挖掘出来，其重量和装饰的精致程度无与伦比。图 7-5 是古罗马的一对鎏金银杯，制作于公元前 1 世纪晚期至公元 1 世纪早期。

图 7-5　古罗马的一对鎏金银杯

现藏于大英博物馆的米尔登霍尔宝藏（Mildenhall Treasure）是在 1942 年的一次耕作中被农民幸运地发现的，该宝藏中有叹为观止的银盘、盘子、碗、碟、长柄勺和汤匙。令人难以置信的是，其中标志性的大餐盘直径达

60厘米，上面描绘着酒神巴克斯、醉酒的大力神赫拉克勒斯、潘神①和翩翩起舞的少女们狂欢作乐的情景。巴克斯虽然是古罗马的神，但就像大力神赫拉克勒斯的原型是古希腊的英雄赫拉克勒斯一样，巴克斯的原型其实是古希腊的酒神狄俄尼索斯。另外，好色的森林之神萨提尔和潘神等也都起源于古希腊。在那个时期，古希腊世界及其优雅的用餐礼仪使整个罗马帝国为之着迷。绘制在艺术品、壁画和墓室用品上的那些斜倚着的宾客们享用食物和美酒的画面，与在米尔登霍尔宝藏中发现的物品上的画面非常相似，这令人想起特权和放纵的黄金时代。大餐盘的主人不仅拥有财富，而且是敬仰古希腊（准确地说是人们想象中的古希腊）的罗马群体中的一员。

能与这个巨大的餐盘相提并论的是另一个更大的餐盘——狩猎盘，其直径达 70 厘米，隶属于同一时期的"塞夫索的宝藏"。狩猎盘有一个外层图案区，其中描绘的是骑马和步行的猎人们在森林中追逐猎物的情景。中央的圆形图案描绘的是野餐者在遮阳篷下享受户外盛宴的情景，仆人们在旁伺候着，庄园里有野猪、鹿、鱼和野味。这一充满了田园乐趣的景象的外围是一段铭文：

> 塞夫索啊，愿你使用多年的这些器皿，还能作为小器皿为你的
> 后代所用。[4]

如今的人们并不知道塞夫索的身份，也不知道为什么他的家族银器会被埋在东欧。这些银器于 20 世纪 70 年代被发现，当时银器所处的环境非常阴暗，发现这些银器的情景就像一部虚构的盗窃国际艺术品的惊悚片。[5]人们对塞夫索的生活一无所知，只了解他为后代所塑造的形象。就像艾玛·包法利一样，塞夫索通过银器构造了一种更加丰富的人生。

---

① 潘神是古希腊神话中的牧神，专门照顾牧人、猎人、农人和住在乡野的人。——译者注

这么奢侈的银器是用来做什么的？就像人们在现存的画作上看到的那样，它们平时很可能被陈列在特别的架子上，这种习俗可以追溯至古希腊文明和伊特鲁里亚文明。几乎可以肯定的是，这些银器是为了达到富丽堂皇的效果而在宴会上使用的。在一场奢华的宴会上，银盘子里可能盛着烤鸡、用以无花果喂养的鹅制作的鹅肝酱、酿睡鼠、梅子酱小猪或鸭子[6]；香料（如印度的胡椒）可能被装在奇形怪状的罐子里；葡萄酒会根据每个饮酒者的口味与温水或冷水混合，盛在银杯里供人饮用。

在宴会上使用银器是为了获得良好的视觉效果、方便运送食物，以及方便进行娱乐活动。古罗马宴会上使用的银器上的图案巧妙地运用了各种各样的神和半神半人的典故，意在激发同等地位的人进行热烈讨论。相似的教育背景、共同的文化土壤以及对经典共同的喜爱，使这些银器成为"软实力"的象征，拥有这些银器就像现在拥有超强的购买力一样令人羡慕。

银器有时也被用于宗教活动。1830 年，在法国诺曼底的贝尔图维尔，一位农夫在耕作时幸运地发现了一批银碗、银杯和银壶，这是迄今为止发现的最引人注目的古罗马银器宝藏之一。在公元前 1 世纪，这一地区受古罗马人控制，这些银器是用来供奉古罗马神使墨丘利①的。与在古罗马神殿遗址发现的许多银器一样，这些银器中的大多数最初是供家庭使用的，上面装饰着我们熟悉的古典宴会主题，有些银器上还刻着捐赠者的名字。从这些名字中可以看出，捐赠者既有古罗马公民，也有当地人。我们可以想象一下，一只银质酒杯的主人出于虔诚，决定将这件精美的心爱之物捐赠给圣殿。有些银器上的铭文是用黄金镶嵌的，考虑到铭文的重要性，那时的人们可能想通过这种方式来彰显地位。贝尔图维尔的居民与达官贵人一样，都渴望在朝圣和宴会的圣殿里让公众看到自己的名字。

---

① 墨丘利对应希腊神话中的赫耳墨斯。——编者注

法国餐桌，更胜古罗马

古罗马的宴会如今看来可能是暴饮暴食和过度放纵的代名词，这种看法也许是有道理的，斯多葛学派 [1] 的政治家塞尼卡就曾严厉地批评贵族买来奴隶只是为了清理呕吐物 [2]。古罗马的宴会的确是一门艺术，但最能将餐饮活动戏剧化的应该是 18 世纪的法国，18 世纪的法国是除古罗马外，另一个因不可原谅的自我放纵行为而饱受谴责的社会。

在法国大革命前夕，法国贵族餐桌上的银器闪闪发光，巴黎的银匠因此受到欧洲宫廷的青睐。随着宴会变得越来越奢华，精致的菜肴也必须用与之配套的银质餐具盛放。18 世纪时，大多数成套餐具都有多达 250 件。叶卡捷琳娜二世从巴黎银匠雅克-尼古拉斯·罗蒂尔（Jacques-Nicolas Roettiers）的作坊里订购的一套弗兰德斯风格的餐具有 3 000 多件，可供 60 名食客用餐。[7] 这套餐具包括汤锅、盘子、酱汁碟、香料盒和 24 个非常逼真的扇形贝壳盘，贝壳盘的手柄像海藻，贝壳的脊上还夹着海螺。可能是为了表示感谢，叶卡捷琳娜二世把这套餐具送给了她的情人格里戈里·奥尔洛夫（Grigory Orlov）。因为格里戈里参与了针对叶卡捷琳娜二世的丈夫彼得三世的政变，后者因此而退位并被暗杀，而叶卡捷琳娜二世则成为俄罗斯帝国的实际统治者。

图 7-6 中的放在架子上的银质汤锅和 4 个银质烛台就出自奥尔洛夫的这套餐具，它们由雅克-尼古拉斯·罗蒂尔于 1771 年至 1773 年制作。图 7-7 是罗蒂尔于 1771 年至 1773 年制作的另一对银质扇形贝壳盘。

---

① 古希腊四大哲学学派之一。——译者注
② 据传说古罗马食客每吃完一餐就用羽毛挠嗓子眼儿催吐，以便清空肠胃继续大吃。他们甚至有专门用来呕吐的碗，但大多数人还是喜欢直接吐在地板上。——译者注

图 7-6　银质汤锅和 4 个银质烛台

图 7-7　银质扇形贝壳盘

法国18世纪的银器留存下来的并不多，这些银器要么被熔化成银条为军事行动提供资金，要么在法国大革命期间被毁。从那些保存下来的为外国客户制作的和私人收藏的稀世珍品中，我们可以充分了解18世纪法国宫廷使用的银器有多奢华。凡尔赛宫的一位贵族的私人收藏银器清单上甚至包括一个银质浴盆，遗憾的是，这个银质浴盆如今下落不明。[8] 法国贵族的饮食习惯影响了整个欧洲，法式餐桌服务是当时上流社会的服务典范，它需要一套专门的餐具，遵照一套专门的流程，这种餐桌服务一直持续到19世纪早期。在这种餐桌服务中，菜肴是按照一套固定的流程提供的，每道菜肴被分成多份一起端上餐桌，而且菜肴在餐桌上的摆放也是有讲究的。银器和菜肴都呈现在餐桌上，银器上醒目地刻着家族纹章，这一做法是在提醒宾客和主人他们所处的位置。由于宾客需要自己动手取用菜肴，而菜肴的位置不能被移动，因此每道菜会被分成多份摆放在餐桌的不同位置，配套物品也被放在桌上，如酱汁碟和调味品罐——贵族的餐桌上摆满了食物和银器。

　　尊贵的客人一般都坐在餐桌主位，靠近摆放的雕刻饰品的位置。因为在呈上主菜之前，通常会将汤作为前菜呈上，所以带盖汤碗是必不可少的餐具。这种体型较庞大的餐具给了知名银匠展现精湛技艺的机会。最奢华的汤碗是用来盛放贝类汤或各种野味炖菜等食物的，上面雕刻着家禽、鱼类和甲壳类动物。盖子上的静物意在展现碗里的食物，因此会根据这些动物真实的样子先铸造成型，然后用锤子和其他工具进行加工，以体现一种现实主义风格。

　　如今的人可能会觉得这种现实主义风格会令人不安，而不是令人开胃，因为现在的人在吃东西的时候并不希望想起那些打倒雄鹿的狗，以及软弱无力、等着被剥皮的兔子。图7-8是埃德梅-皮埃尔·巴尔扎克（Edme-Pierre Balzac）于1757年至1759年制作的一款银质带盖汤碗，汤碗上雕饰着一只雄鹿被猎犬拖倒的场景。

图 7-8 银质带盖汤碗

18 世纪中叶的一本烹饪书中记录了一份供 12 人享用的相对普通的晚宴菜单，通过这份菜单我们能明白，为什么菜肴和必要的服务对餐盘有很高的要求。[9] 菜单中的第一道菜包括香草汤、米汤、开胃菜和牛肉，除了汤碗和盛牛肉的大盘外，每道菜独用的餐碟、酱汁碟和芥末罐很可能也会一并端上桌。芥末可以磨成粉，盛在银质调味瓶里，再撒在烤肉上，也可以和酒或醋一起调成辛辣的糊状，盛在罐里，再端上桌。开胃菜，特别是含有贝类的开胃菜，可能会放在银质扇形盘中。古董商常把这些扇形盘称为"黄油碟"，其目的是好转手，但扇形盘最初的作用并非如此。

第二道菜包括松露炖小牛里脊、罗勒羊排、鸭肉和红烧母鸡，这些菜都需要大盘子和上菜工具。接下来是第三道菜，包括烤野兔、烤鸽子、蔬菜和冰冻蛋奶沙司。甜点包括新鲜水果、两盘炖水果和几盘华夫饼、栗子、醋栗果冻和杏酱。这些甜点可能会放在分层的饰盘上，即餐桌中央的装饰盘上。这种装饰盘最初出现在凡尔赛宫，用来盛放精致的温室水果、果冻、坚果或糖果。总而言之，这样一顿晚餐不仅有丰盛的美食，还需要一系列的盘子。

　　为了使食物和饮品保持最佳温度，新型碗碟应运而生，如蒙蒂斯银碗（见图 7-9）。它由约翰·利奇（John Leach）作坊于 1703 年至 1704 年制作。这种大碗里装满碎冰，通常用来冷却酒杯，银碗的凹口边缘用于支撑酒杯的玻璃柄。据说这种银碗的名称源于一位苏格兰人蒙蒂斯先生，他是一位特立独行的时尚人士，喜欢穿带有扇贝凹口边饰的大氅，而碗的边缘和大氅的扇贝凹口边饰很相似。这些新型碗碟的主人在宴会上可能会满意地注视着闪光碗碟的表面上自己的倒影，也可能在注视着宾客们嫉妒的反应。

图 7-9　蒙蒂斯银碗

当人们在博物馆里看到这些银器时，或者看到摄影师以白底为背景拍摄的复制品照片时，很容易把它们简单地视为艺术品。它们的确是艺术品，但同样重要的是，这些银器也曾经是某些豪华晚宴的一部分。现在的人们很容易忘记，那些刻着盾形纹章的盘子里曾经盛着"微微颤动的肥牛后腿肉，牛肉周围简单地用蔬菜装点，蔬菜上还点缀了些肉片"[10]；那些看起来质朴的银汤匙里曾经放着欧芹、黄油和切碎的丘鹬肉制成的馅料。人们也很容易忘记，那些光滑闪亮的碗腹上曾挂着刚掀开盖子的小龙虾汤蒸发后又凝成的水珠；那些镂空银篮上洛可可风格的涡卷形装饰不只是空中弯曲的线条，它们曾经轻柔地托着成熟而柔软的粉红色桃子；那些凝结的黄油从酱汁碟的边沿滴落下来；所有的银器在漂亮银烛台上的烛光照耀下闪闪发光……现在的人们几乎看不到这样的情景了。在烛光下，银匠巧妙设计的涡卷形装饰、花卉和动物会变得栩栩如生，温暖的点点烛光可以增强银器的雕饰和戏剧性效果，这种效果在均匀的电灯光芒下是看不到的。即使是高大船只的腹部也会充满细节，没有烛光，我们就看不到暗影的游动，也不能透过缝隙看到黑暗中闪闪发光的银器表面。

维多利亚时代的礼仪手册

新型食品日益流行，新型银器也在不断改进。在英国，人们已经逐渐形成饮茶的习惯。虽然人们在公共咖啡馆往往会选择喝咖啡，但有部分人在私人寓所里已经养成了饮茶的习惯。茶叶罐里装着从亚洲进口的昂贵散装茶叶，炉子上的大水壶源源不断地供应着热水。在茶叶最贵的时候，定量配给导致的重复冲泡使茶水喝起来平淡无味。茶壶有时带有果木手柄，茶壶的形状也随着时尚的变化而变化。18世纪时，一种时尚的喝茶方式是在茶水中加入热牛奶，人们因此需要带盖的热牛奶壶，茶匙也需要茶匙托盘。茶叶还会流动到茶壶壶嘴口，这令人很恼火。人们因此需要尖长柄的茶渣匙来疏通茶壶壶嘴，还需要镂空的碗来撇去茶水表面的茶叶和茶末。图 7-10 是海丝特·贝特曼（Hester Bateman）于 1788 年制作的银质茶叶罐。图 7-11 是英国工匠于 1760 年至 1780 年制作的银质茶渣匙，用于过滤茶叶。

图 7-10　银质茶叶罐

图 7-11　银质茶渣匙

　　在维多利亚时代，人们热衷于追求专业化。当时，注重礼仪的女主人如果出现一个失误，可能会给她的社交生活带来毁灭性影响。而相关图书能够为女主人提供一些建议，如什么样的刀具适合切鱼，或者家里必备一把双端牡蛎叉，叉的一端是个镂空的勺，用来过滤液体和砂砾，另一端是叉肉的尖齿。当时，法式餐桌服务已逐渐被俄式餐桌服务所取代，食物由仆人在餐具柜上先切好，然后装盘送到每个用餐者手中。餐桌上不再堆满一盘盘的食物，这样就有更多的空间来放置银器。

到了 19 世纪下半叶，餐厅已成为中产阶级家庭最重要的生活空间之一，吃什么和怎么吃备受人们关注。虽然如今的人们对烹饪的痴迷更多体现在对美食博客和偶像厨师的崇拜中，但餐饮用具的确已于 19 世纪问世，而且银质用具在当时备受推崇。《宴请》（*Dinner Giving*）是当时专为有志之士编写的一本礼仪手册，它提醒读者，这"不仅是对请客者所处社会地位的一种考验，而且……是一条在社会上获得一席之地的直接通道，这确实是一种考验"。[11]

主人和客人都可能因为不了解餐具的使用规定而出错，比如不知道应以什么角度用叉子把食物送进嘴里，或者在吃牛奶冻、果冻或冰布丁时没有用叉子而错误地选用了甜点勺。显然，刀不应该靠近嘴唇，这与落后的维多利亚时代形成了鲜明的对比：在维多利亚时代，人们试图用刀的背面将豌豆送到嘴里。按照惯例，一套餐刀中的三把应该放在一起，但到底什么时候该用哪一把呢？用刀子切牛杂碎是可以的，但炸肉饼却只能用叉子吃；芦笋尖应该用刀切，但用手抓起芦笋放进嘴里是十分失礼的行为，得体的举止是禁止用手触碰食物。因此餐具和各种用具的使用方法令人困惑。餐桌礼仪越来越专业的形式则使外行人更加困惑，例如葡萄剪不仅是一种用葡萄藤装饰着以显示其功能的实用装置，它还是一种区分工具，将未受过教育的人与受过良好教育的人区分开来。将葡萄茎剪到合适的长度后，用餐者应将手伸出一半放在嘴边，这样更容易在不被其他用餐者发现的情况下将葡萄皮和葡萄籽放回盘子里。当代美国艺术家西格勒的画作对那些用途早已被遗忘的专业银器进行了再现，并委婉地对人们在使用这些餐具时的烦恼进行了嘲讽。图 7-12 是西格勒于 2014 年创作的板面油画《三美图》（*Three Graces*）。

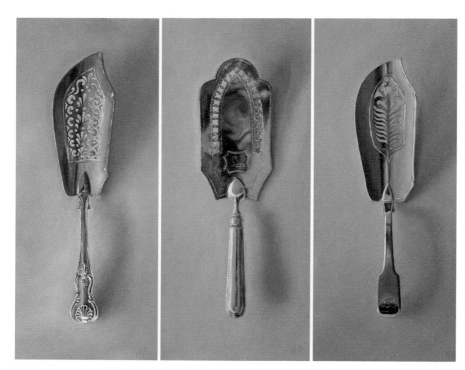

图7-12　西格勒创作的板面油画《三美图》

　　这个时代的社会流动性加剧了人们对地位的焦虑，人们似乎对他人的财产产生了一种畸形的关注。担心分不清鱼刀的并不是贵族阶层，因为这种物品本来就被认为是属于资产阶级的。礼仪手册是为那些处于上升通道的人编写的，如果能正确使用浆果匙、肉汤匙和糖果匙，他们就可以巩固自己的"一席之地"，这样他们就有充分的理由尽早为下一代的发展做好准备。因此，针对幼儿的礼仪手册成为同样受欢迎的出版物，它建议孩子们在会拿勺子的时候就要学习餐桌礼仪。

　　最受欢迎的婴儿用品是银质汤碗和银质婴儿汤匙。银质婴儿汤匙是工程学领域的小奇迹：汤匙的把手向后弯曲，几乎快弯到了碗里，这样婴儿小小的手指就能伸进去。银质汤碗很深，外形完美，还可以防止外溢。这种设计于 19 世纪 90 年代出现在美国，同时出现的还有一系列专门为方便婴儿掌握餐桌技能而设计的银器。或许这些婴儿的父母凭直觉就明白了现代儿童发展理论：拥有自己的专属物品有助于培养婴儿的自我意识。图 7-13 是里德和巴顿公司（Reed & Barton）[①] 于 19 世纪 90 年代制作的银质儿童汤匙。

图 7-13　银质儿童汤匙

　　将银器作为礼物送给婴儿是欧洲的一种传统，这种传统至少可以追溯至中世纪。教父和教母送的礼物通常标志着对刚出生的婴儿进行洗礼，因此他们送的礼物往往是银汤匙，谚语"含着银汤匙出生"可能就源于此。到了 19 世纪末，送给婴儿银器饱含明确的期望，期望他们举止端正。无论是广告宣传还是育儿手册都在强调儿童银器的"训练"功能。使用银质"小食铲"可以把食物铲到勺子上，有些勺子的一边有突起的动物图案，可以巧妙地阻止孩子成为左撇子，而碗右边缘的突起同样可以使左撇子无法将食物送进嘴里。[12]

---

① 美国著名的银器制作公司，于 1824 年成立。——译者注

在维多利亚时代，儿童使用的银器开始大规模生产。戈勒姆制造公司于 1831 年在罗德岛州的普罗维登斯市成立，并成为美国最大的银器制造商之一，专门为白宫及享有盛誉的王室制作银器。该公司 19 世纪末的商品目录包括如今向公众销售的众多餐具和儿童礼品。即使是银器，也会作为一件餐具或婴儿礼品而越来越唾手可得，其原因在于美国西部产量巨大的矿山被开发后，市场上的白银数量大幅增加，而且银器的制造和分销方式也发生了变化。

金属加工行业相对较早地实现了工业化，当然，声名显赫的银匠经营的作坊也实现了工业化。在英国，银匠经营的作坊有时非常大，他们中有些人甚至因此成为富有的地主。银器加工行业不仅为富有的贵族生产商品，而且越来越多地为大众生产商品。在整个 18 世纪，劳动分工实现了标准化，大型作坊可能会聘用设计师、模型师、雕镂师和雕刻师，也可能雇用妇女担任打磨工、修整工和抛光工，有些任务还可以分包给专业的作坊。知名的银匠不仅是艺术家，往往也是企业家。

19 世纪，随着工艺技术、运输方式和营销手段的不断发展，面向中高端市场的银器开始大规模生产。工厂使用诸如滚压模这样的发明可以“冲压”出各种形状的银器，这促进了餐具等物品的大规模生产。到了 19 世纪末，大型制造公司开始以邮寄商品目录的方式为一系列令人眼花缭乱的银器做广告。新婚夫妇在日益商业化的婚礼上会收到大量银器，电镀法的发明使银器几乎随处可见。奢侈品制造商们明白，他们既要制造物质，也要制造欲望，而稍微注入一点“地位焦虑”就可以进一步促进销售。19 世纪末的流行杂志推测，除了最贫困的家庭之外，大多数家庭都拥有几件银器，至少是银质盘子。

当时流行的思潮是“炫耀性消费”，这个词是美国经济学家索尔斯坦·凡勃伦（Thorstein Veblen）于 1899 年创造的，该词将"炫耀"解释为为争夺地位而进行的激烈竞争。地位越高的人，越有可能看重"炫耀性消费"，比如使用实心银汤匙而不是镀银汤匙。[13]

凡勃伦所做的研究非常及时。几个世纪以来，工匠们一直在加工处理各种材料，以便能充分发挥昂贵材料的性能。例如，中国的工匠几个世纪以来一直在使用一种被称为"白铜"的银色合金，该合金由铜、镍和锌制成，在英语中被称为 Paktong（帕克顿白铜）。在许多文化中，物体表面可以裹上银箔或薄银片。18 世纪中叶，英国谢菲尔德的一位刀匠在修理刀具时发明了工业化镀银法，他在两层银之间夹了一层铜，这样成品的价格大约是使用纯银制作的价格的 1/3。由于镀银是在物品成形前完成的，因此工匠们仍然可以使用制作银器的模具来制作它们。于是，在伦敦和英格兰北部，镀银很快被认为是一种时尚和创新的选择。随着电镀镍银技术的发明及其于 1840 年在英国获得专利，银器产业又发生了一次工业革命。虽然镀银靠的是热量和压力，但电镀镍银是一种化学反应，它利用电分解银盐溶液，然后在铜、镍、锌合金上镀上一层银。与比较便宜的普通金属相比，电镀镍银制品所需的银量要少得多，这使其成为一种经济实惠、易于生产和被广泛使用的银器替代品。

随着银器越来越普遍，它的光辉形象渐渐瓦解。众所周知，地位的象征通常变化无常，并会随着物品所有权的变化而变化。虽然维多利亚时代的新婚夫妇都会收到银器礼物，但在当今以食物为中心的文化中，最受欢迎的结婚礼物是厨房用具和专门的烹饪工具，以及以礼品卡形式赠送的现金（最近人们才开始接受这种形式的现金）。在其他文化中，送结婚礼金早已成为一种习俗。当然，仍有人将银器作为结婚礼物送给新人，但对银器的手工艺化程度的要求已越来越高。

对金银的渴望是人的本能

正如艾玛·包法利所发现的那样，越是得不到或被禁止的东西，吸引力就越大。反奢侈法[①]限制奢侈品（通常是服装）消费，目的是规范贸易、维系社会等级制度和保护稀缺资源。这些法令不同程度地达到了上述目的，但它们反过来也激发了人们对违禁品的欲望。从古希腊到中国明代，再到伊丽莎白时代的英国，人们渴望黄金珠宝、刺绣长袍、庞大的陵墓和他们不能使用的特定的紫色。而在 14 世纪的意大利，人们渴望的则是宽大的银腰带。

意大利的雄心

意大利在 20 世纪成为时尚先锋，创立了许多知名品牌，如古驰、阿玛尼、普拉达等。这些品牌的产品至今仍令人们垂涎，但意大利的"第一个时尚时代"其实出现在 14 世纪。时尚作为一种表达身份和地位的手段，不只是达官贵人们的专利，更是都市人群广泛关注的焦点。[14] 现在并不是唯一一个热衷于休闲购物的时代，在 14 世纪意大利的主要贸易城市，购物者可以在国内和进口奢侈品市场随意闲逛。这些奢侈品至今仍有很大的吸引力，如中亚具有异国情调的纺织品、佛罗伦萨的精加工的地中海羊毛、卢卡的丝绸，以及由金匠大师制作的银纽扣、腰带和发饰。但在 14 世纪的意大利，成交的主要商品实际上还是银器。

想通过着装吸引人们的注意力，想给邻居和同事留下深刻的印象，想模仿别人，或者再高级一点，想激发潮流，想把购物当作消遣，这些都是人们几个世纪以来共有的冲动。我们都领略过时尚的壮观，但 14 世纪意大利的

---

① 有些国家过去出于道德或家教方面的原因，会制定法律限制民众在服饰、食品、家居等方面的奢侈行为。——译者注

不同之处在于，引领潮流和决定品位的不是年轻人或女性，而是成熟男性。当时的男人不仅有地位，还有财富和公民身份，也正是这些男性制定了限制他人享有时尚特权的反奢侈法。

人们的着装变得更加暴露，而且方方面面都很暴露。固定袖子和纽扣意味着服装可以以前所未有的方式包裹身体，塑造出身形。优质的面料，辅以贵重金属和宝石制作的装饰和配饰，这比餐桌上的盘子能更直接且公然地彰显财富。受军装的启发，男士们神气十足地穿着套装，配上短剑、闪亮的链条和必不可少的配饰——银腰带。银腰带由宽大的链环组成，通常镶嵌着宝石或珐琅扣，挂在腰部，炫耀着可穿戴的财富。1324 年，名人马可·波罗立下遗嘱，将几条银腰带赠予他的继承人。[15]

人们认为这种穿着和装饰适合有地位的男性，但对女性、青年和儿童来说，这种穿着不太得体，是对礼仪和等级制度的一种挑战，因此一系列反奢侈法应运而生。这些法令限制了装饰品的类型和价值，从而有效限制了女性和青年可佩戴的银饰的数量。但女性和青年并不一定会遵守这些限制，来自几个城市的记录显示，许多女性因佩戴厚重的银腰带和发饰，或因抱着的孩子袖子上有太多银纽扣而被罚款。

无论腰带和饰品是定制的还是现成的，制作这些腰带和饰品的金匠都越来越擅长用较少的银打造出厚重的感觉。例如，细细的银线可以加工成装饰性的格子，或者把银箔固定在皮革上。越来越多的人将银线和金线织成纺织品或用于刺绣，这就需要在丝线上包裹大量的银箔和金箔。锤击贵金属的繁重任务通常落在金匠学徒身上，金饰业和纺织业在奢侈品的生产过程中常常密切合作。

随着时间的推移，人们找到了许多展示这些商品并使其引人注目的新方式，金匠也拥有了在自己的露天市场摊位上零售商品的权利。随着新鲜的潮流、新颖的设计层出不穷，曾经的商品就流入了二手市场。这些商品也可能出现在银行家的柜台上，因为人们认为它们作为时尚用品的使命虽已完结，但作为资本仍具有固定价值。这些商品无论是穿在身上还是在市场上销售，都可以刺激市场需求，激发人们模仿的欲望。

银线，王公贵族将银穿在身上

渴望是一种普遍的冲动，它也许与呼吸一样是人类的基本属性，而且"渴望"一词在词源上也与呼吸有关[①]。在 14 世纪的意大利，人们纷纷效仿有名望的男性的穿着打扮，于是他们的银腰带和饰品成为人们渴望得到的物品。在古代中国，蟒袍常被效仿。蟒袍在唐代就已问世，但直到蒙古人统治下的元代（1271 年至 1368 年），其作为宫廷服装的地位才得以巩固。在明代（1368 年至 1644 年），蟒袍的穿戴日益规范化。某种颜色的蟒袍仅限于某个群体穿着，如只有皇帝可以穿黄色的蟒袍，高级官员穿红色蟒袍，低级官员只能穿蓝色蟒袍，侍从穿黑色蟒袍。蟒袍上的蟒爪数量也有严格的规定，如皇帝和显贵的亲王的蟒袍上，蟒有 5 个爪，贵族和高级官员的蟒袍上，蟒有 4 个爪。[16] 蟒袍上的蟒通常用金线或银线绣制，金线或银线是把箔包在丝线芯上制成的。绣制蟒袍时，把金线或银线铺在丝绸长袍的表面，然后用丝线"贴线缝绣"到适当的位置。

意大利那些负责制定反奢侈法的官员发现，时尚是一种可以挑衅和破坏稳定的力量。在 16 世纪初的中国，尽管法律禁止个人定制蟒袍，但蟒袍仍然十分流行。这些蟒袍由数米长的丝绸缝制而成，上面闪耀着银色的蟒和缎

---

① "渴望"一词的英文为 aspiration，该词的词根为 spiration，旧时意为"抱负，呼吸"。——译者注

面的光泽，象征着主人对宫廷生活的向往。随着清代的消亡，官方不再限制蟒袍上蟒爪的数量。不管穿戴者的地位如何，大多数蟒袍上的蟒都有 5 个爪。图 7-14 是中国清代的蟒袍，这件蟒袍是在真丝斜纹绸上采用金银线贴线缝绣和丝绸刺绣工艺制成的，制作于 1850 年至 1870 年。

图 7-14　清代蟒袍

　　在历史上，中国地方官员可以通过蟒袍的装饰来效仿皇帝；意大利年轻人可以通过穿戴金匠用银箔制作的服装来效仿富有的银行家；印度女性可以通过购买一种用合成金属线制成的纱丽[①]来效仿瓦拉纳西传统丝帛纱丽中丰富多样的金银扎绣花纱丽。历史上，只有富裕家庭才能买得起用贵金属线装饰的正宗扎绣花纱丽。金银包裹着的丝线被作为部分纬纱编织到织物中，创造出华丽而厚重的纺织品，这种纺织品按重量出售。除了编织的金属线之

----

① 　纱丽指印度女性裹在身上的长巾。——译者注

外，纺织品还可以用银箔和锤击的亮片来装饰。新娘可能会收到一些珍贵的纱丽作为嫁妆，这些纱丽有些是她的家人用了很长时间慢慢积攒下来的，有些是她的夫家送的礼物。这些纱丽被叠放在上锁的储藏柜里保存，只有在一些特殊的场合才会被拿出来穿戴，如婚礼和宗教节日等。这些纱丽既象征着两个家庭的地位，又是储存的财富。从莫卧儿王朝① 开始，人们就通过烧毁纱丽来回收银了。

　　大多数曾经的银器如今都已失传。宽大的银腰带可能在 14 世纪的意大利风靡一时，但几乎没有一条幸存下来。它们有时会变成银币，有时会变成新的物品。幸存下来的物品更加珍贵，它们在历史上的发展轨迹有时非同凡响。英国的维多利亚与艾尔伯特博物馆珍藏了一件 18 世纪中期的华丽的"曼图亚"② 礼服裙。这件礼服裙由丝绸制成，上面的刺绣用了重达 5 千克的银线。这件礼服裙很可能曾被格鲁吉亚的一名贵族穿过，在格鲁吉亚皇室的某次生日宴会上，人们注意到了这件绣着"类似大银汤盘的大玫瑰"的朱红色礼服裙。[17]它更像一件大型软垫家具，而不是礼服裙。它的宽度非常夸张，最宽处达到 1.8 米，为刺绣繁茂的"生命之树"提供了广阔的空间。就像瓦拉纳西丝帛纱丽一样，这样的礼服因其使用的贵金属而备受重视，并经常被烧毁以回收这些贵金属。我们不知道这件礼服裙为什么能幸存下来，可能是它的主人珍视其刺绣技艺。礼服裙上的签名表明，它与胡格诺派的一家刺绣作坊有关。与其他逃离当时的法国专制政权的、才华横溢的新教工匠一样，这家刺绣作坊的刺绣工在伦敦创办了自己的作坊。这件礼服裙后来的经历一直是个谜，直到 20 世纪 20 年代，有人把它买下来并穿着它参加了化装舞会，它才重回大众的视线。

---

① 莫卧儿王朝（1526 年至 1857 年）是突厥化的蒙古人帖木儿的后裔巴布尔在印度建立的封建专制王朝。——译者注
② 曼图亚礼服裙为 17 世纪至 18 世纪妇女穿的一种前面开襟、露出衬裙的礼服裙。——译者注

图 7-15 就是这件曼图亚礼服裙，它于 1740 年至 1745 年制成，20 世纪 20 年代进行了修改。它的面料为丝绸，用银线绣制，并装饰着银质亮片。由于围摆宽、重量沉，曼图亚礼服裙穿起来很笨重。但对于那些在宫廷中争权夺位的人来说，它又是彰显地位的必要标志。彰显地位可能会带来美丽与愉悦，也可能是一种负担，毕竟银是一种重金属。

图 7-15　18 世纪中期的曼图亚礼服裙

第 8 章

圣洁的银，美与文明的传承

在斯蒂芬·金（Stephen King）的中篇小说《狼人的轮回》（*Cycle of the Werewolf*）中，缅因州的塔克米尔斯小镇每逢满月都会遭到"非人类怪物"的袭击。几个月过去了，这个怪物砍掉了一个孩子的头，吞噬了一个孤独的妇女，扯破了一个警察的喉咙，还放干了一个流浪汉的血。7月，一个残疾儿童暂时阻止了这个怪物的行为：10岁的马蒂因为残疾只能坐在轮椅上，当怪物袭击他时，他冲着怪物的脸扔了一个爆竹。新年前夕，怪物又来袭击他，这一次马蒂准备了一把装有两颗纯银子弹的手枪。当怪物猛扑过来时，马蒂开了两枪，用银子弹打败了怪物。[1]

"银具有强大的辟邪功能"，几个世纪以来，这一观点在各大洲都得到了普遍认同。最近，流行文化对与吸血鬼有关的所有事物都很迷恋，包括银十字架、银链条和银子弹等。这不需要任何解释，因为"银可以战胜邪恶"的观念已经深入人心。

虽然是老生常谈，但还是有必要解释一下。斯蒂芬·金在描写马蒂坐在轮椅上拔出手枪这一画面时融入了民间传说，能擒获恶魔的人总是在某些方面与众不同。作为一个孩子，马蒂极易受到伤害，因为狼人喜欢喝年少之人的血液，但马蒂又因为天真而足够强大。吸血鬼和狼人，这两种生物在某些文化中都曾经是人类，他们因为在生活中遇到暴力或被冤枉而变得拥有超自然的力量。那些打败了嗜血怪兽的人使生活恢复了正常的秩序，他们解救了受害者，净化了社会环境。塔克米尔斯小镇的狼人实际上原是一个无可挑剔的浸信会牧师，他在墓地旁摘了一些花期很短的奇怪的花后，不幸就降临到他身上。"我要让你重获自由"，在狼人扑向他时，马蒂这样喊道。

马蒂的子弹是将自己坚信礼的礼物——一个银汤匙熔化后制成的。在基督教传统中，坚信礼和洗礼一样，是一种净化仪式。作为纪念这一仪式而赠送的礼物，银汤匙无论在表面意义上还是象征意义上都代表"纯洁"。使用铅子弹也能阻止人类的恶行，但杀死恶魔与子弹的速度或恶魔的要害是否被击中无关，银可以战胜邪恶是因为它足够纯洁。

然而，纯洁总是有其两面性的。没有不纯洁就没有纯洁，而关于银的纯洁的故事也正是关于其不纯洁的故事。吸血鬼在古代就很猖獗，在基督徒看来，犹大就是其中之一。[2] 被30枚银币收买的犹大用一个吸血鬼的标志性动作——亲吻[①]，背叛了耶稣。犹大后来后悔了，他试图把银币还回去，但为时已晚，于是他把银币扔到圣殿的地板上，然后上吊自杀了。由于这些银币是"血腥钱"，祭司们不愿意将其归还国库，因此用它购买了墓地。

---

① 为了让捉拿耶稣的人知道哪一个人是他，犹大给了他们一个暗号："我与谁亲吻，谁就是耶稣。"——译者注

在接下来的传说中，犹大无法真正安息，因为他注定得不到宽恕，所以会永远存在。他的传奇故事通过民间传说、文学作品和媒体报道流传了几个世纪，甚至传到了最不可能出现的地方。资深漫画家、艺术家沃尔特·西蒙森（Walter Simonson）于 2012 年创作了《犹大银币》（The Judas Coin）。在这部漫画作品中，《圣经》故事中的一枚银币于几个世纪后再次出现，并给发现银币的人的生活带来了严重的影响。所有发现银币的人都是 DC 漫画宇宙 ① 中的人物：这场混乱的参与者包括在日耳曼尼亚与叛军作战的罗马角斗士、加勒比海盗、美国狂野西部的扑克牌高手以及在哥谭市与博物馆窃贼战斗的蝙蝠侠等人。虽然银币是一种不可抗拒的诱惑，但它也会带来欺骗、失望，甚至死亡。

银象征着纯洁，这与银自身的纯度密切相关。虽然银的外观可能具有一定的欺骗性，但其在很大程度上也决定了银的象征意义。尽管许多白色合金多年来一直在假冒银，但人们永远不会认为锡或铅象征纯洁。当然，锡和铅都是非常常见的金属，它们缺乏银那种稀有的属性。但更重要的是，它们的外观并不具有人们所认为的与纯洁有关的各种特质。银则不同，人们仅通过视觉就感受到其具有纯洁的品性，这是因为银具有独特的物理性质。抛光的银表面有白色的光泽，在许多文化中，这种颜色长期以来一直与质朴、清新联系在一起。此外，作为反射性极强的金属，抛光的银看上去似乎可以发光，而光在不同的时代和文化中一直是纯洁与善良的象征。³ 图 8-1 是弗兰德斯画派代表画家西蒙·贝宁（Simon Bening）于 1525 年至 1530 年创作的作品《犹大收到 30 枚银币》（Judas Receiving the Thirty Pieces of Silver），该作品用蛋彩画颜料、金色颜料和金箔在羊皮纸上绘制而成。

---

① DC 漫画宇宙是指由美国 DC 漫画公司发行的漫画故事组成的幻想世界，其中的人物包括超人、蝙蝠侠、神奇女侠、闪电侠、绿灯侠、海王等，也包括著名的超级反派，如莱克斯·卢瑟（Lex Luthor）、小丑和黑暗君王等。——译者注

图 8-1　西蒙·贝宁创作的《犹大收到 30 枚银币》

神圣的象征

　　许多宗教都把银和圣洁联系在一起。在现存最早的安纳托利亚银器中，有些似乎就具有宗教用途。赫梯人于公元前 2 000 年在安纳托利亚建立了一个影响深远的帝国，他们制作了动物形状的银器作为宗教祭品。据史书记载，赫梯国王哈图西里一世征服了黑海边的扎尔帕城后，将一只银拳和一头银牛送进风暴神的神庙，献给了风暴神。⁴"银拳"和"银牛"是赫梯人在正式仪式上使用的饮酒器皿，根据目前博物馆中的藏品来看，它们一种是拳头形状，另一种是鼻孔张开的粗颈公牛形状。虽然以色列人不可以崇拜银图腾，但他们可以使用贵金属来装饰宗教建筑。根据《圣经》的描述，位于当今叙利亚杜拉欧罗普斯的所罗门圣殿就是用大量金银装饰的，里面还有银桌、灯台和盘子。图 8-2 是公元前 14 世纪至公元前 13 世纪的赫梯人制作的公牛前半身形状的银质器皿。

图 8-2　公牛前半身形状的银质器皿

古罗马人在宗教仪式中会使用大量银器，第 7 章提到的在贝尔图维尔发现的银器就是献给罗马神话中的商业神墨丘利的。虽然大多数银器最初被制作出来是供家庭使用，后来才作为还愿的礼物被供奉在圣殿中的，但有两座神像显然原本就是用于宗教仪式的。其中的一座裸体神像肌肉发达、头发卷曲，该神像高半米，是古罗马时期幸存下来的最大的凸形纹样银质雕像，由 6 块锤击后连接在一起的银板精心制作而成。[5] 作为商业神，墨丘利的雕像通常由银制成，并被刻画成手持一袋钱的样子。出资制作这座雕像的人可能是想感谢墨丘利对他的庇佑，这座雕像宏大的规模和使用的银的纯度表明这位出资人非常富有。

古罗马银匠不仅刻画了神，还刻画了神庙。在如今位于土耳其的以弗所，当地工匠们以出售堪称"古代世界奇迹"的阿耳忒弥斯神庙的银质小雕像为生。图 8-3 是制作于 2 世纪至 3 世纪的古罗马女神维纳斯银质雕像。

早期的基督教会几乎没有什么财富，也不会使用贵金属。当古罗马皇帝君士坦丁一世于 4 世纪初正式承认基督教之后，教会获得了慷慨的资助。随着基督教在盛产银的古罗马世界里发展壮大，基督教在古罗马人对银的理解之上又为银加入了一些神圣的含义。

从《圣经》的一些研究资料中可以清楚地看到，银在犹太教文化中有多重寓意。虽然银在大多数时候都被认为与金钱和财富有关，但在早期，这种纯净的白色金属和"神圣的纯洁"之间是可以画等号的。古代的冶金术已被证明是以色列诗人的写作素材宝库，"上帝的子民"也在劳苦中得到了净化，正如《圣经》所说："神啊，你考验我们，你熬炼我们，如熬炼银一样。"基督教会承袭了这些修辞手法，并在描写敬拜行为时加以运用。

图 8-3　女神维纳斯银质雕像

大多数古罗马贵族家庭都拥有银器，他们也喜欢展示和使用银器。[6] 赠送银器的行为体现了古罗马帝国的阶级结构：皇帝会将刻有铭文的奢华银制餐具赏赐给受宠的官兵们。在基督教得到帝国承认之后，教会开始接受人们的慷慨捐赠，人们捐赠的通常都是贵金属。君士坦丁一世赏赐了拉特兰·圣乔凡尼大教堂 5 000 千克白银，该教堂是罗马第一座基督教大教堂。[7] 各教堂由此变成了宝库，镀银的祭坛、门、圣坛屏风和礼拜器皿闪闪发光。

鉴于古罗马人在餐桌上大量使用银器，基督教圣餐仪式中使用的面包和酒自然也应该用银器盛装。基督教早期最神圣的器皿是盛圣餐面包的圣餐盘和盛酒的圣杯，这些神圣的礼拜器皿在当时比任何神像都要珍贵。[8] 典型的圣餐盘是边缘扁平、大而深的盘子，盘子的装饰很简单，通常标有凯乐符号（Chi Rho），凯乐符号由表示"基督"的希腊文 ΧΡΙΣΤΟΣ 的前两个大写字母 Χ 和 Ρ 叠加而成。与古罗马的还愿礼物一样，盘子上经常刻有捐赠者的名字。1975年，人们在英国剑桥郡的沃特纽敦耕地时发现了一批 4 世纪的礼拜银器，这些银器可能是用于庆祝圣餐仪式的，现收藏于大英博物馆。这批银器中很多都有凯乐符号，而且许多还是捐赠品，例如一个碗上写着："主啊，我，帕布利亚努斯（Publianus），尊重您神圣的圣殿，信任您。"[9] 其他的碗是由女性捐赠者阿姆西拉（Amcilla）、维万提娅（Viventia）和因诺森提娅（Innocentia）捐赠的。图 8-4 是拜占庭（叙利亚）阿塔鲁提宝藏（Attarouthi Treasure）的银质鸽子。

圣餐盘和圣杯一度是最重要的礼拜器皿，随后，大量的银质器皿也很快就被作为餐具使用，包括长柄勺、过滤酒的镂空勺、烛台、驱赶圣饼上苍蝇的扇子，以及用来盛面包的容器。圣殿里银器激增，连壁龛、墓室和福音书中都有银器的影子。到了 4 世纪，对基督教殉道者的崇拜风靡一时，教会急切地在相关城市寻找圣徒的遗骸，并制作奢华的器皿来保存圣徒的遗骸。此后的几个世纪里，装饰着宝石的金银圣骨盒里收藏着圣徒的头骨、牙齿，以及身体其他各部位的骨头。图 8-5 是法国工匠制作的臂形圣骨盒。

图 8-4　阿塔鲁提宝藏的银质鸽子

注：银质鸽子的制作时间为公元 500
年至 650 年，其所在的这批银质礼拜
用品曾属于阿塔鲁提的某座教堂。

图 8-5　法国工匠制作的臂形圣骨盒

注：这个臂形圣骨盒于 13 世纪制成，
15 世纪进行了修补，采用镀银工艺
制作，木芯用玻璃和水晶进行点缀。

教堂内部闪闪发光，逝者被安置在银棺内。然而在教堂外面，无家可归和穷困潦倒的人们却在搜集着给他们的点滴施舍。像安条克（Antioch）和君士坦丁堡这样的城市不仅有富丽堂皇的教堂和挥霍无度的世俗基督徒，穷人也随处可见，如穷困潦倒的寡妇和孤儿。4 世纪，基督教会上层对基督徒挥霍无度的行为展开了尖锐的批评。约翰·克里索斯托最初是安条克的一名牧师，从公元 398 年起担任君士坦丁堡的大主教。他痛斥那些享乐主义者，谴责他们滥用银质餐具、珠宝和银饰象牙床，而他们的兄弟却在挨饿。克里索斯托做了几年苦行僧，习惯过简朴的生活。回到充满诱惑的大城市后，他似乎对市民购买银器的奢侈消费行为十分不满。虽然这位教会领袖因能言善辩而被称为"金口"，但他也会讥讽地说几句粗话："有的人在银罐里小便，而有的人连一块面包都没有。"[10]

在众多的奢侈品中，被基督教恶习批评者们抨击得最激烈的是银夜壶。在 7 世纪的古希腊著作《赛肯的圣西奥多的一生》（*The Life of St. Theodore of Sykeon*）一书中，有这样一个情节：圣人派他的副主教去君士坦丁堡购买了银质圣餐盘和圣杯，第一次用新银器做弥撒时，器皿竟然变黑了，经调查发现，这些圣器是用银夜壶熔化制成的。[11]在宗教文化中，银虽然纯净，但也会被污染，它既可以象征神圣，也可以代表亵渎。使徒雅各曾警告那些拥有财富却从不施舍的人："你们的金银都长了锈。那锈要证明你们的不是，又要吃你们的肉，如同火烧。"克里索斯托针对使用银器等奢侈品发表了最尖锐的评论，在其中一篇中，他写到："它们是树叶，冬天来临时，它们就枯萎了；它们是一场梦，白天来临时，梦就消失了。"[12]

物质财富的浮华，以及由此衍生出的物质世界的短暂性，也是佛教的关键概念。在佛教著作《金刚经》中，佛陀告诉他的弟子，布施金银珠宝的功德与背诵和分享一节佛教教义的功德相比是微不足道的。克里索斯托和佛陀虽然处在两个不同的世界，但他们都运用梦境作比喻。在《金刚经》中，佛陀在强调了施银于佛的无用之后，他称整个转瞬即逝的世界"如梦幻泡影，如露亦如电""凡所有相，皆是虚妄"。[13]

佛陀坐在菩提树下，悟出了世事无常。具有讽刺意味的是，后来在该地建造的摩诃菩提寺却是个奢华的庆典场所。这座寺庙位于印度比哈尔邦，中国唐代僧人玄奘在其著作《大唐西域记》中对此有所描述。玄奘于 7 世纪前往印度，进行了为期 17 年的朝圣之旅，途中参观过此地的庙宇。在玄奘的记述中，这里的门窗用金银包裹着，上面还镶嵌着珍珠和宝石，一尊 3 米高的纯银雕像放置于大壁龛中。[14]

佛陀的话语敦促信徒们切莫贪恋世俗的奢侈品，但随着佛教传播到世界各地的，是工匠用贵金属制作的代表着虔诚的物品，这些物品供寺庙和个人使用。佛陀劝诫人们不要留恋尘世的财宝，但他的话语可能就记载在银器上。佛教传入中国后，以一种独特的形式发展起来：在数百座寺庙里，数千位僧人煞费苦心地抄写佛经。从 16 世纪起，蒙古人也开始自己生产纸张，在 18 世纪至 19 世纪，他们用金墨或银墨将佛经抄写在黑色的纸张上，极尽奢华。[15] 公元 4 世纪，佛教传入韩国。图 8-6 是韩国工匠于 13 世纪至 14 世纪制作的铸银镀金坐佛。

图 8-6　韩国的铸银镀金坐佛

手稿彩饰艺术随着佛教、基督教等宗教文化的传播蓬勃发展，圣言的纯洁性通过纯金和纯银的材料得到了强化。在伊拉克、印度和北非等地，《古兰经》的卷册以优雅的书法和金色或银色的文字再现。在极其罕见的、非常奢华的情况下，金色或银色的文字跃然于黑色或深蓝色的纸上，像夜空中的星星一样闪闪发光。

在世界各地的宗教中，抄写神圣的经文本身就是一种崇拜行为，可以净化心灵。在犹太教堂里，《妥拉》①经卷被小心翼翼地用布包裹着，渐渐地，随着妥拉经筒的发明，银匠就有机会像神父一样表示虔诚。从 11 世纪起，经筒由精制的银制成，并装饰着法杖和王冠。由于经卷是禁止人们触摸的，因此银匠专门设计了指示杆。指示杆的形状通常是向上指的手，创建银质包装是为了遵从犹太教法典中"美化戒律"的指令。

在世界上的各种信仰中，人们常用美丽的金属装饰圣言和礼拜场所。[16]图 8-7 是德国人弗里德里希·奥古斯特·费迪南·艾索尔特（Friedrich August Ferdinand Eisolt）于 1854 年至 1860 年下令制作的银质妥拉王冠。图 8-8 是安东尼·埃尔森（Anthony Elson）于 2007 年受委托为林肯大教堂制作的银质香炉。

图 8-7　银质"托拉"王冠

图 8-8　银质香炉

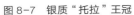

① "妥拉"为犹太教术语，指上帝的启示。——译者注

炼金术与现代技术相遇

炼金术是一项有着千年历史的"净化"实验。从物质的角度看，炼金术试图将普通金属转化为贵金属。作为一种兼收并蓄的神秘艺术，古希腊、印度、中国、伊斯兰世界和文艺复兴时期的欧洲都在实践这种艺术。这种艺术至今仍是书店货架上的一个主题，在网上也广为流传。中世纪市场上的江湖骗子曾兜售这种艺术，古代的化学家和治疗师曾运用这种艺术，追求美丽的工匠也曾使用这种艺术。在文艺复兴时期，炼金术的相关知识已经衍生为一种特权商品，社会高级阶层人士会对这种商品予以资助。到了 16 世纪中叶，神圣罗马帝国的宫廷支持建造炼金实验室，并慷慨地为实验室提供了大量的炉子、坩埚、小瓶、仪器和化学材料。实验室人手充足，他们致力于制造一种用于净化的必不可少的物质——酊剂，它能从毫无价值的东西中创造出财富。

虽然长期以来人们一直嘲笑炼金术，认为那是一场骗局，但是在近代早期，人们认识到炼金术具有巨大的实用价值和商业价值。随着文艺复兴后期中欧地区银矿产量减少，德国和波西米亚的统治者开始投资各种能够增加其领土上的矿产财富的项目，而炼金术似乎有望帮助采矿利润实现最大化。将炼金术知识应用于冶炼过程，可以解决从毫无价值的矿石中提取出贵金属的难题。当局、投资者和矿主将冶金、炼金术和采矿技术结合在一起，在矿场建立起冶金或炼金实验室。采矿技术从此有了资金支持，冶炼工艺也有了改进，人们对矿石成分有了更深入的了解。而因此获利的人便将其成功归功于炼金术。[17]

矿山产量的增加可能使炼金术颇具吸引力，而炼金术也被视为自然世界知识的源泉。炼金术并不是一个鲜为人知的研究分支，它贯穿于文艺复兴时期人们对学问的追求中。这一点在 17 世纪初神圣罗马帝国皇帝鲁道夫二世的布拉格皇宫中体现得最为明显。当时，皇宫中聚集着诗人、天文学家、神学家、画家、发明家和约 200 名炼金术士，他们在皇宫的"炼金厨房"里辛勤工作。[18] 鲁道夫二世追求的不是金银等实物，而是知识，他的"炼金厨房"就像一个小宇宙，里面有动物园、植物园、艺术品和矿物收藏，以及机械装置等。鲁道夫二世希望用知识破解大自然的奥秘。就像实用炼金术试图通过操控自然（例如矿石）来产生贵金属一样，自然炼金术追求的是治疗和净化身体、改善健康状况、提高生命力和增强青春活力。在古代中国，人们甚至期望通过这一方法使人长生不老。在最高层面上，炼金术致力于启迪心灵、提升意识、净化灵魂。炼金术最早的实践者从一开始就明白，人类本身就是转化的主体。

罗马尼亚哲学家、人类冒险精神的记录者米尔恰·伊利亚德（Mircea Eliade）解释说："西方炼金术士与印度或中国的炼金术士一样，他们在实验室里研究自己，研究自己的心理和生理，以及自己的道德和精神体验。"[19] 他们研究的基本问题是个人意识或有缺陷的自我。他们认为，通过炼金术，灵魂会从身体中移除并得到净化，这就好比从铅中提取银。20 世纪中叶，瑞士心理学家荣格为阐明深奥的、令人生畏的炼金术哲学做了很多工作，他把中间阶段描述为"白银状态或月亮状态"[20]，他认为净化后的灵魂可能会与身体结合，达到"黄金状态或太阳状态"。因此，有时人类的自我提升可以通过金属的嬗变来解释，从普通金属到纯银，再到超凡脱俗的黄金。

早在公元前 6 世纪，人们就认为地球上的元素受行星支配，他们还认为金和银是在太阳和月亮的影响下"成长发展"的。这是一个明显的视觉类比：把火红的太阳与金进行类比，把月亮明亮的光辉与银的纯净光泽进行类比。幸运的是，在常常令人感到困惑的炼金术中，代表太阳和月亮的符号非常清晰。现在让我们回到打败吸血鬼和狼人的故事中，银之所以强大，不仅是因为它纯洁，还因为它与月亮有关：银是黑暗中的光，可以帮助人类战胜邪恶和疯狂。

不同文化中的银制佩饰

　　既然使用银子弹可以战胜怪物，那么长期以来人们养成的把银佩戴在身上以防止疾病、事故或危险发生的习惯也就不难理解了。银饰可以使佩戴者更美，它同时也是财富的体现，银有时还可以作为实用的纽扣。在不同的文化中，人们都认为银饰可以带来好运，当然这种说法有时非常笼统。早期的珠宝可能既有装饰作用，又有保护作用，它们除了能吸引赞赏的目光，还能抵御邪恶的眼神。银具有光泽，因而人们常将其作为一种转移伤害的护身符。

　　信仰护身符与信仰本身一样，有着悠久的历史。在古埃及，护身符上往往装饰着吉祥之物，例如装饰着动物或神灵的形状。它们可以作为手镯、项链或戒指被人们佩戴，或被放置在包裹木乃伊的布条中。在各个社会中，人们都认识到出生、青春期、结婚、怀孕和临终这样的过渡时期是人们的身体或精神极度脆弱的时期，这个时候可以通过护身符的魔力来缓和不利的因素对身体和精神产生的影响。虽然"相信护身符的力量"这种想法经常被谴责为愚蠢的行为，或被认为是危险的迷信，但赠送护身符这一行为的确是出于爱和对人身安全的关心。图8-9是中国贵州侗族女性使用的银质平衡环。图8-10是一位侗族女性佩戴着平衡环来平衡前面穿着的围裙。

　　作为一种信仰的表达，护身符与正统宗教之间的关系经常是相互矛盾的。宗教权威人士有时会谴责护身符是偶像崇拜，但他们通常还是允许人们佩戴护身符的。宗教权威人士有时也会努力将护身符的"异教"倾向转变为可接受的虔诚表达。

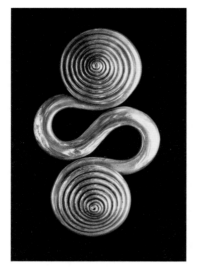

图 8-9　银质平衡环

图 8-10　佩戴平衡环的侗族女性

注：该照片于 1997 年拍摄于中国贵州肇兴村。

　　犹太教的护身符上通常刻有神圣的经文，这种做法一直延续到基督教出现后。在巴勒斯坦、叙利亚和小亚细亚，尽管教会极力禁止使用护身符，但刻有上帝名字和圣经经文的护身符仍非常流行。

　　和银质餐具类似，护身符的应用也已经专门化，在宗教文化中，不同形式的护身符用于对抗不同的疾病。保护人们抵御邪恶眼神的护身符一直很流行，并以不同的文化形式出现，如犹太教的 "米里亚姆之手"（Hand of Miriam）和伊斯兰教的 "法蒂玛之手"（Hand of Fatima）。做成身体各部位形状的护身符被认为可以治疗特定部位的疾病，也许最奇怪的护身符是 "圣约翰·内波穆克之舌"（tongue of St John Nepomuk），这是一个由银丝托着的蜡质舌头。圣约翰·内波穆克是 14 世纪的波希米亚牧师，他以绝对谨慎而闻名，人们因此相信他的舌头可以保护佩戴者免受谎言和流言蜚语的伤害。图 8-11 是巴勒斯坦工匠于 1880 年至 1930 年制造的刻有 "法蒂玛之手" 图案的银质项链。图8-12是德国工匠于1830年至1850年制造的"圣约翰·内波穆克之舌"护身符，该护身符由银、蜡和玻璃制成。

图8-11 刻有"法蒂玛之手"的银质项链　　图8-12 "圣约翰·尼波穆克之舌"护身符

　　挪威的口头传说中充斥着鬼怪、妖精、巨魔、巨人、女巫和古灵精怪的小巨魔，小巨魔是可以伪装成人的地下生物，它们到处游荡，试图偷走婴儿、心烦意乱的儿童和易受伤害的成人。挪威人认为银具有强大的威慑力，于是将其制成首饰、领针和金属花边戴在身上。[21] 最受欢迎的护身符是一种宽达9厘米的大型银质胸针，胸针的图案通常是用金银丝做成的花卉，垂坠的胸针能反射光线，人们认为这样能使胸针更有效地辟邪，并且每次在教堂佩戴胸针，或者将胸针传给下一代时，它具有的保护力量就会被加强。

　　投机取巧的小巨魔更爱绑架独处的人，如猎人或在偏远牧场工作的女性。在民间信仰中，过渡时期是特别危险的。因此在夏至和婚礼等庆祝活动期间，女性可能会在衣服上别 3 枚胸针。对于易受伤害的儿童，尤其是未受洗礼的婴儿，人们会给予更多的关注。家长们会把胸针别在孩子的裹布上，或把闪闪发光的刀和剪子放在婴儿床边。[22] 图 8-13 是挪威泰勒马克郡的一位佩戴银质胸针的女人的照片（拍摄于约 1895 年）。图 8-14 是挪威的霍尔瓦德·比约尔夫森·斯特劳姆（Hallvard Bjorgulfson Straume）于约 1880 年制作的银质镀金"酒杯别针"（Skålsølje[①]）。

图 8-13　佩戴银质酒杯别针的女人

图 8-14　银质镀金酒杯别针

欧洲贵族的银制用具

人们为了确保婴儿安全而做的努力多种多样，除了接受银器的保护外，挪威婴儿还会受洗。乡村教堂的受洗盆通常是用石头做的，而欧洲贵族的婴

---

① Skålsølje 为挪威语，通常被设计为弧形或圆形，中间有一个小杯子，可以倒入酒或其他饮料，因此常被称作"酒杯别针"。——编者注

儿很可能使用银质受洗盆。例如，瑞典王室于 1696 年为斯德哥尔摩皇宫内的新皇家礼拜堂定制了一个银质受洗盆，此后，王室婴儿一直使用该受洗盆。在英国，镀银百合受洗盆是 1841 年为维多利亚女王和阿尔伯特亲王的第一个女儿受洗制作的。这次受洗仪式充满了象征意义，从象征纯洁的受洗盆百合图案，到坎特伯雷大主教为小公主施行受洗使用的约旦河水，很多用品都有象征意义。在接下来的几年里，大多数英国王室婴儿都使用这个镀银百合受洗盆受洗。

身体清洁和精神纯洁之间的联系由来已久，在许多宗教传统中，清洁都非常重要。人们在做祈祷之前要先做准备工作，而沐浴就是一项非常重要的准备工作。中世纪的伊斯兰经文《纯洁的奥秘》（*The Mysteries of Purity*）解释了净化的 4 个阶段：身体的净化、罪恶欲望的净化、心灵的净化，以及最后除上帝之外的一切自我的净化。[23] 外部清洁则是净化的前提和基础。

大型的沐浴可能需要去公共浴场或澡堂完成，以达到"健康清洁"的目的。在中东，充满活力的浴场文化可以追溯至罗马帝国时期的大型公共浴场。公共浴场虽然后来在西欧消亡了，但在中世纪的东方，它们已成为一个重要的社会机构。在奥斯曼帝国，这些浴场蒸汽弥漫、芳香四溢。这里既可以促进虔诚和公共健康事业的发展，还可以为人们提供聚会场所，当然男女是分开的。沐浴用品通常都很奢华，这种风气在上层社会尤甚：侍者用镂雕的银碗倒水，毛巾上用彩线和银线绣着精美的图案，女性沐浴者穿着镶有银片的高高的木屐，小心翼翼地走过光滑的地板。

古代女性可能会随身携带银质盒子，用于存放珠宝和化妆品。图 8-15 是中国唐代工匠制作的银鎏金錾刻孔雀纹蛤形银盒。[24]《纯洁的奥秘》中规定，作为清洁仪式的一部分，男性要使用眼影粉。在不同的文化中，清洁已涵盖梳洗和化妆。人们可能很早就注意到，香水、眼影和唇膏放在银器中能

图 8-15 唐代银鎏金錾刻孔雀纹蛤形银盒

够被保存得更好。如今，纳米银的应用之一就是保存化妆品。人们在伊朗的古代坟墓中发现了盛放化妆品的银瓶，这些银瓶的历史可以追溯至公元前 3000 年。在古罗马，从描绘浴场日常生活场景的镶嵌图案和壁画中可以看到侍者拿着银质盒子，里面可能装着小件必需品。其中有些盒子类似"缪斯首饰盒"（见图 8-16），即古罗马晚期盛放化妆品的银质容器。缪斯首饰盒采用以凸形纹样装饰的翻盖式设计，里面有 5 个装香水和香膏的银质容器。这个盒子可能是送给普罗杰克（Projecta）和塞昆德斯（Secundus）的结婚礼物，因为这对夫妇的名字被刻在同一批出土宝藏中的另一个小盒子上。

这个首饰盒侧面的镶板上有缪斯女神图案，这些图案也许纯粹起装饰作用，也许是为了赞美新娘。这些婀娜的身影在灰白的银质表面闪闪发光，向人们展示着银自身的故事。9 位缪斯女神中有一位是掌管天文的女神乌拉尼亚，她让人想起是爆炸的恒星孕育了银；还有一位掌管历史的女神克利俄，她让人想起银在各大洲影响世界的过程；掌管悲剧的女神墨尔波墨涅，她提醒人们银使人类在苦难中付出的代价；掌管颂歌的女神波吕许谟妮亚，她反映了人们对纯洁的渴望；还有掌管诗歌、音乐和舞蹈的女神们，她们提醒人们银是美丽的，以及几千年来银给人们带来的那些快乐。

图 8-16　银质缪斯首饰盒

注：该首饰盒制作于公元 330 年至公元 370 年

第 1 章　银为何如此重要

1. Olympic Studies Centre, *Olympic Summer Games Medals from Athens, 1896 to London 2012* (2013).

2. W. Schweiker and C. Mathewes, 'Silver Chamber Pots and Other Goods which Are Not Good: John Chrysostom's Discourse against Wealth and Possessions', in *Having: Property and Possession in Religious and Social Life*, ed. (Cambridge, 2004), p. 107.

3. R. Wakshlak, R. Pedahzur and D. Avnir, 'Antibacterial Activity of Silver-killed Bacteria: The "Zombies' Effect", *Nature Scientific Reports*, v/9555 (23 April 2015).

4. Robert Cook, 'Connoisseur's Choice', *Rocks and Minerals*, lxxviii (January/February 2003), p. 45.

5. Ibid., pp. 43–4.

6. C. J. Hansen et al., 'Silver and Palladium Help Unveil the Nature of a Second R-process', *Astronomy and Astrophysics*, dxlv (2012).

7. Thomas Goonan, *The Lifecycle of Silver in the United States in 2009*, Geological Survey Scientific Investigations Report (2013), p. 1.

8. 感谢科尔矿业公司资源地质学主管达纳·威利斯（Dana Willis），他就勘探和资源进行了论述，我在本节引用了这些论述。

9. *Anatomy of a Mine from Prospect to Production*, Department of Agriculture Forest Service Technical Report (February 1995), p. 30.

10. 感谢达纳·威利斯提供的资源。

11. C. Graham and V. Evans, 'The Evolution of Shaft Sinking Systems in the Western World and the Improvement in Sinking Rates', *Canadian Institute of Mining, Metallurgy and Petroleum Magazine* (August 2007).

12. Philippa Merriman, *Silver* (London, 2009), p. 72.

13. The Assay Offices of Great Britain, *Hallmarks on Gold, Silver or Platinum* (London, n.d.).

14. Susan Mosher Stuard, *Gilding the Market: Luxury and Fashion in Fourteenth-century Italy* (Philadelphia, pa, 2006), pp. 151–3.

第 2 章　哪里有银矿，哪里就有奴隶

1. Martin Rees, 'We're the "Waste" from Distant Stars', *The Guardian* (1 May 2008).

2. N. H. Gale and Z. A. Stos-Gale, 'Cycladic Lead and Silver Metallurgy', *Annual of the British School at Athens*, lxxvi (1981), p. 176.

3. Herodotus, *The History of Herodotus*, Book LLL, section 57, trans. G. C. Macaulay.

4. G. Jones, 'The Roman Mines at Riotinto', *Journal of Roman Studies*, LXX (1980), p. 146; Barry Yeoman, 'The Mines that Built Empires', *Archaeology*, LXIII/5 (September/October 2010), p. 23.

5. Jiri Majer, 'Ore Mining and the Town of Joachimsthal/Jachymov at the Time of Georgius Agricola', *GeoJournal*, XXXII/2 (February 1994), p. 91.

6. J. Reid and R. James, eds, *Uncovering Nevada's Past: A Primary Source History of the Silver State* (Reno, nv, 2004), p. 48.

7. Mark Twain, *Roughing It* (San Francisco, ca, 1872), p. 378.

8. Geoffrey Blainey, *The Rush that Never Ended: A History of Australian Mining* (Melbourne, 1963), p. 155.

9. Mircea Eliade, *The Forge and the Crucible: The Origins and Structures of Alchemy* (New York, 1962), p. 57.

10. 石见银山及其文化景观列入《世界遗产名录》的提名档案，提交给联合国教文组织，2007 年，第 31 页。

11. Tony Waltham, 'The Rich Hill of Potosi', *Geology Today*, XXI/5 (September–October 2005), p. 187.

12. 这段引文和随后的引文出自由基夫·戴维森（Kief Davidson）和理查德·拉德卡尼（Richard Ladkani）于 2005 年执导的纪录片《魔鬼的银矿》。

13. Heraclio Bonilla, 'Religious Practices in the Andes and Their Relevance to Political Struggle and Development: The Case of El Tío and Miners in Bolivia', *Mountain Research and Development*, XXVI/4 (November 2006), p. 336.

14. Victor Montoya, 'The Tío of the Mine', trans. Elizabeth Miller (2008).

15. Susan Deering, *Images of America: Silverado Canyon* (Chicago, il, 2008), p. 47.

16. 感谢红杉树国家公园南塞拉省地质学家艾伦·加莱戈斯（Alan Gallegos），他就南加州的银矿问题进行了论述。

17. Richard Lingenfelter, *Bonanzas and Borrascas: Gold Lust and Silver Sharks, 1848–1884* (Norman, OK, 2012); 这本书概述了目前矿业股票投机的状况。

18. Ibid., p. 251.

19. Robert Louis Stevenson, *The Silverado Squatters* (London, 1883), 电子书第 1518 页。

20. Deering, *Images of America*, p. 55, 参考鲍尔斯博物馆的股票簿。

21. Yeoman, 'Mines that Built Empires', p. 24.

22. 'Carson River Mercury Site'.

23. Coeur Mining, *Corporate Responsibility Report* (2013), pp. 20–21.

24. 'Mine Closure Done Right'.

第 3 章　从凡尔赛宫到寻常百姓家

1. Beryl Barr-Sharrar, 'A Silver Triton Handle in the Getty Museum', *Studia Varia from the J. Paul Getty Museum*, i (*Occasional Papers on Antiquities*, VIII) (1993), p. 99.

2. Clare Le Corbeiller, 'Robert-Joseph Auguste, Silversmith – and Sculptor?', *Metropolitan Museum Journal*, XXXI (1996), pp. 211–18.

3. 感谢也门艺术公司的塔尔·阿尔希（Tal Arshi）提供这些信息。

4. Ester Muchawsky-Schnapper, 'An Exceptional Type of Yemeni Necklace from the Beginning of the Twentieth Century as an Example of Introducing Artistic Novelty into a Traditional Craft', *Proceedings of the Seminar for Arabian Studies*, XXXIV (2004), p. 181.

5. 'Silver Disc Brooch of Aedwen'.

6. Dexter Cirillo, *Southwestern Indian Jewelry* (New York, 1992), p. 97.

第 4 章　帝国崛起，两枚改变世界的银币

1. Nicholas Doumanis, *History of Greece* (London, 2010), p. 24.

2. C. J. K. Cunningham, 'The Silver of Laurion', *Greece and Rome*, XIV/2 (October 1967), pp. 145–6.

3. Errietta Bissa, 'Investment Patterns in the Laurion Mining Industry in the Fourth Century BCE', *Historia: Zeitschrift für Alte Geschichte,* LVII/3 (2008), pp. 263–73.

4. Peter Levi, *Atlas of the Greek World* (Oxford, 1984), p. 113.

5. T. E. Rihll, 'Making Money in Classical Athens', in *Economies Beyond Agriculture in the Classical World*, ed. D. Mattingly and J. Salmon (London, 2002), p. 134.

6. Ibid., p. 116.

7. Ibid., p. 118.

8. John H. Kroll, 'What About Coinage?', in *Interpreting the Athenian Empire*, ed. John Ma, Nikolaos Papazarkadas and Robert Parker (London, 2009), p. 89.

9. John Ma, 'Afterword: Whither the Athenian Empire?', in *Interpreting the Athenian*

Empire, p. 223.

10. Simon Hornblower, *The Greek World, 479–323 bc* (London, 1983), p. 12.

11. Quoted in Doumanis, *History of Greece*, p. 28.

12. Aeschylus, *Persians*, trans. Herbert Weir Smyth, line 237.

13. Owen Jarus, 'Athenian Wealth: Millions of Silver Coins Stored in Parthenon Attic'.

14. Thucydides, *The Peloponnesian War*, II/41.

15. Larry Allen, *The Encyclopedia of Money* (Santa Barbara, ca, 2009), p. 107.

16. Neil MacGregor, *A History of the World in 100 Objects* (London, 2010), p. 517.

17. Henry Kamen, *Golden Age Spain* (London, 2005), pp. 25–6.

18. Kendall Brown, *A History of Mining in Latin America from the Colonial Era to the Present* (Albuquerque, nm, 2012), p. 5.

19. William S. Maltby, *The Rise and Fall of the Spanish Empire* (New York, 2009), pp. 53–4.

20. Ibid., p. 57.

21. Brown, *History of Mining*, p. 7.

22. Quoted ibid., p. 16.

23. Niall Ferguson, *The Ascent of Money: A Financial History of the World* (New York, 2008), p. 23.

24. Maltby, *Rise and Fall*, p. 67.

25. Gwendolyn Cobb, 'Supply and Transportation for the Potosí Mines, 1545–1640', *Hispanic American Historical Review*, XXIX/1 (February 1949), p. 30; Thomas Cummins, 'Silver Threads and Golden Needles: The Inca, the Spanish, and the Sacred World of Humanity', in *The Colonial Andes: Tapestries and Silverwork, 1530–1830*, ed. Elena Phipps, Johanna Hecht and Cristina Esteras Martín (New York, 2004), p. 3.

26. Quoted in Cristina Esteras Martín, 'Acculturation and Innovation in Peruvian Viceregal Silverwork', in *The Colonial Andes,* p. 61.

27. Cummins, 'Silver Threads', p. 11.

28. Kris Lane, 'Potosí Mines', *Latin American History: Oxford Research Encyclopedias* (May 2015).

第 5 章　从新大陆流入中国的银之河

1. Quoted in Cristina Esteras Martín, 'Acculturation and Innovation in Peruvian Viceregal Silverwork', in *The Colonial Andes: Tapestries and Silverwork, 1530–1830*, ed. Elena Phipps, Johanna Hecht and Cristina Esteras Martín (New York, 2004), p. 61.

2. Harry Kelsey, *Sir Francis Drake: The Queen's Pirate* (New Haven, ct, 1998), pp. 148–57.

3. Ibid., pp. 46–50.

4. William S. Maltby, *The Rise and Fall of the Spanish Empire* (New York, 2009), p. 84.

5. Henry Kamen, *Golden Age Spain* (London, 2005), p. 42.

6. Niall Ferguson, *The Ascent of Money: A Financial History of the World* (New York, 2008), p. 26.

7. Quoted in Kamen, *Golden Age Spain*, p. 42.

8. Charles C. Mann, *1493: Uncovering the New World Columbus Created* (New York, 2011), p. 154.

9. Dennis O. Flynn and Arturo Giráldez, 'Born with a "Silver Spoon": The Origin of World Trade in 1571', *Journal of World History*, VI/2 (Autumn 1995), pp. 201–21.

10. Richard von Glahn, *Fountain of Fortune: Money and Monetary Policy in China, 1000–1700* (Berkeley, ca, 1996), p. 25.

11. Flynn and Giráldez, 'Born with a "Silver Spoon"', p. 208.

12. Dennis O. Flynn and Arturo Giráldez, 'Cycles of Silver: Global Economic Unity through the Mid-eighteenth Century', *Journal of World History*, XIII/2 (autumn 2002), p. 393.

13. Arturo Giráldez, *The Age of Trade: The Manila Galleons and the Dawn of the Global Economy* (Lanham, md, 2015), p. 1.

14. Flynn and Giráldez, 'Born with a "Silver Spoon"', p. 201.

15. Ibid., p. 205.

16. Lucille Cha, 'The Butcher, the Baker, and the Carpenter: Chinese Sojourners in the Spanish Philippines and their Impact on Southern Fujian (Sixteenth–Eighteenth Centuries)', *Journal of the Economic and Social History of the Orient*, XLIX/4 (2006), p. 515.

17. Ibid., p. 520.

18. Mann, *1493*, p. 150.

19. Ibid., p. 153.

20. Flynn and Giráldez, 'Cycles of Silver', p. 398.

21. Katharine Bjork, 'The Link that Kept the Philippines Spanish: Mexican Merchant Interests and the Manila Trade, 1571–1815', *Journal of World History*, IX/1 (1998), p. 42.

22. 詹姆斯·克里西（James Creassy）于 1804 年 11 月 8 日写给约翰·贝克·霍尔罗伊德（John Baker Holroyd）的信，引自：Richard H. Dillon, 'The Last Plan to Seize the Manila Galleon', *Pacific Historical Review*, XX/2 (May 1951), p. 124。

23. Giráldez, *The Age of Trade*, p. 152.

24. Hugh Thomas, *World without End: The Global Empire of Philip ii* (London, 2014), p. 255.

25. Quoted in William Lytle Schurz, 'Acapulco and the Manila Galleon', *Southwestern Historical Quarterly*, XXII/1 (July 1918), p. 31.

26. Ibid., p. 32.

27. Flynn and Giráldez, 'Born with a "Silver Spoon"', p. 214.

第 6 章　银在现代社会中的新角色

1. Sam Kean, *The Disappearing Spoon: And Other True Tales of Madness, Love, and the History of the World from the Periodic Table of the Elements* (2010).

2. The Silver Institute, *World Silver Survey 2015: A Summary* (London, 2016), p. 11.

3. Jane Hayward, *English and French Medieval Stained Glass in the Collection of the Metropolitan Museum of Art* (New York, 2003), p. 249.

4. Jane E. Boyd, 'Silver and Sunlight: The Science of Early Photography', *Chemical Heritage* (Summer 2010).

5. United States Geological Survey (USGS), *The Lifecycle of Silver in the United States in 2009* (Reston, va, 2014), p. 12.

6. J. Wesley Alexander, 'History of the Medicinal Use of Silver', *Surgical Infections*, X/3 (2009), p. 289.

7. Arthur Williams, 'Alfred Barnes, Argyrol and Art', *Pharmaceutical Journal* (23 December 2000).

8. Hippocrates, *On Ulcers*, Part 7, trans. Francis Adams.

9. Peter Marshall, *The Magic Circle of Rudolf ii: Alchemy and Astrology in Renaissance Prague* (New York, 2006), pp. 155–6.

10. L. Lewis Wall, 'The Medical Ethics of Dr J. Marion Sims: A Fresh Look at the Historical Record', *Journal of Medical Ethics*, XXXII/6 (June 2006), pp. 346–50.

11. J. Marion Sims, *The Story of My Life* (New York, 1884), p. 245.

12. 'Size of the Nanoscale'.

13. Nate Seltenrich, 'Nanosilver: Weighing the Risks and Benefits', *Environmental Health Perspectives*, CXXI/7 (July 2013).

14. Samuel Luoma, *Silver Nanotechnologies and the Environment: Old Problems or New Challenges* (Washington, dc, 2008), p. 5.

15. Seltenrich, 'Nanosilver: Weighing the Risks and Benefits'.

16. USGS, *The Lifecycle of Silver*, p. 6.

17. The Silver Institute, *World Silver Survey 2015: A Summary* (Washington, dc, 2015), p. 7.

18. The Silver Institute, 'Solar Energy'.

第 7 章　银器，地位的象征

1.　Meert Katrien, Mario Pandelaere and Vanessa M. Patrick, 'Taking a Shine to It: How the Preference for Glossy Stems from an Innate Need for Water', *Journal of Consumer Psychology*, XXIV/2 (2014), pp. 195–206.

2.　N. H. Gale and Z. A. Stos-Gale, 'Ancient Egyptian Silver', *Journal of Egyptian Archaeology*, LXVII (1981), pp. 108–9.

3.　Asian Art Museum of San Francisco, *Tomb Treasures from China: The Buried Art of Ancient Xi'an* (San Francisco, ca, 1994), p. 17.

4.　Ruth E. Leader-Newby, *Silver and Society in Late Antiquity* (Aldershot, 2004), p. 1.

5.　Peter Landesman, 'The Curse of the Sevso Silver', *The Atlantic* (November 2001), pp. 63–90.

6.　Ilaria Gozzini Giacosa, *A Taste of Ancient Rome*, trans. Anna Herklotz (Chicago, il, 1994).

7.　Tracey Albainy, 'Eighteenth-century French Silver in the Elizabeth Parke Firestone Collection', *Bulletin of the Detroit Institute of Arts*, LXXIII/1–2 (1999), p. 13.

8.　Peter Fuhring, 'The Silver Inventory from 1741 of Louis, Duc d'Orleans', *Cleveland Studies in the History of Art*, VIII (2003), p. 35.

9.　Reproduced in Jean-Louis Flandrin, *Arranging the Meal: A History of Table Service in France*, trans. Julie E. Johnson (Berkeley, ca, 2007), p. 8.

10.　Quoted ibid., p. 9.

11.　Anonymous, *The Manners and Tone of Good Society* (London, 1880), p. 78.

12.　Serena Bechtel, 'Changing Perceptions of Children, *c.* 1850–*c.* 1925, as Reflected in American Silver', *Studies in the Decorative Arts*, VI/2 (Spring–Summer 1999), pp. 84–5.

13.　Thorstein Veblen, *The Theory of the Leisure Class* (New York, 1899).

14.　Susan Mosher Stuard, *Gilding the Market: Luxury and Fashion in Fourteenth-century Italy* (Philadelphia, pa, 2006), p. 1.

15. Ibid., p. 49.

16. Valery M. Garrett, *Chinese Dragon Robes* (Oxford, 1998), pp. 1–5.

17. Quoted in Lucy Worsley, *The Courtiers* (London, 2010), p. 20.

第8章 圣洁的银，美与文明的传承

1. Stephen King, *Cycle of the Werewolf* (New York, 1985).

2. Matthew Beresford, *From Demons to Dracula: The Creation of the Modern Vampire Myth* (London, 2008), p. 42.

3. Sabiha Al Khemir, *Nur: Light in Art and Science from the Islamic World* (Seville, 2014), pp. 14–22.

4. Trevor Bryce, *The Kingdom of the Hittites* (Oxford, 1998), p. 74.

5. Mathilde Avisseau-Broustet, Cécile Colonna and Kenneth Lapatin, 'The Berthouville Treasure: A Discovery "As Marvelous as It Was Unexpected"', in *The Berthouville Silver Treasure and Roman Luxury*, ed. Kenneth Lapatin (Los Angeles, ca, 2014), pp. 17–20.

6. Ruth E. Leader, *Silver and Society in Late Antiquity* (Aldershot, 2004), pp. 6–7.

7. Marlia Mundell Mango, *Silver from Early Byzantium: The Kaper Koraon and Related Treasures* (Baltimore, md, 1986), p. 3.

8. Victor Elbern, 'Altar Implements and Liturgical Objects', in *Age of Spirituality: Late Antique and Early Christian Art, Third to Seventh Century*, ed. Kurt Weitzmann (New York, 1978), p. 592.

9. 'Silver Plaque and Gold Disc from the Water Newton Treasure', www.britishmuseum.org, 27 September 2015.

10. Quoted in J.N.D. Kelly, *Golden Mouth: The Story of John Chrysostom, Ascetic, Preacher, Bishop* (Grand Rapids, mi, 1995), p. 136.

11. Ruth E. Leader, *Silver and Society*, p. 67.

12. John Chrysostom, *On Wealth and Poverty*, trans. Catharine P. Roth (Crestwood, ny,

1984), p. 117.

13. Mu Soeng, *The Diamond Sutra: Transforming the Way We See the World* (Boston, ma, 2000), p. 62.

14. Sally Wriggins, *The Silk Road Journey with Xuanzang* (New York, 2004), p. 116.

15. Vesna Wallace, 'Mongolian Buddhist Manuscript Culture', *Buddhist Manuscript Cultures: Knowledge, Ritual and Art*, ed. Stephen C. Berkwitz, Juliane Schober and Claudia Brown (New York, 2009), pp. 83–4.

16. Hadith quoted in *God Is Beautiful and Loves Beauty: The Object in Islamic Art and Culture*, ed. Sheila Blair and Jonathan Bloom (New Haven, ct, 2013).

17. Tara E. Nummedal, *Alchemy and Authority in the Holy Roman Empire* (Chicago, IL, 2007), pp. 87–90.

18. Peter Marshall, *The Magic Circle of Rudolf II: Alchemy and Astrology in Renaissance Prague* (New York, 2006), p. 128.

19. Mircea Eliade, *The Forge and the Crucible: The Origins and Structure of Alchemy* (Chicago, IL, 1978), p. 159.

20. Carl Jung, *The Collected Works,* vol. XII: *Psychology and Alchemy*, ed. Herbert Read, trans. R.F.C. Hull (New York, 1968), p. 232.

21. Laurann Gilbertson, 'To Ward Off Evil: Metal on Norwegian Folk Dress', in *Folk Dress in Europe and Anatolia: Beliefs about Protection and Fertility*, ed. Linda Welters (Oxford, 1999), p. 201.

22. Ibid., p. 205.

23. *The Mysteries of Purity*, trans. Nabih Amin Faris (Lahore, 1991), p. 2.

24. See Virginia Smith, *Clean: A History of Personal Hygiene and Purity* (Oxford, 2007).

Agricola, Georgius, *De re metallica* (1556), trans. Herbert Clark Hoover and Lou Henry Hoover (1912)

Alcorn, Ellenor M., *English Silver in the Museum of Fine Arts, Boston*, vol. I (Boston, ma, 1993); vol. II (2000)

Blair, Claude, *The History of Silver* (New York, 1987) Blair, Sheila, and Jonathan Bloom, eds, *God Is Beautiful and Loves Beauty: The Object in Islamic Art and Culture* (New Haven, ct, 2013)

Blainey, Geoffrey, *The Rush That Never Ended: A History of Australian Mining* (Melbourne, 1963)

Brown, Kendall, *A History of Mining in Latin America from the Colonial Era to the Present* (Albuquerque, nm, 2012)

Browne, John, *Seven Elements That Changed the World: An Adventure of Ingenuity and Discovery* (New York, 2014)

Cirillo, Dexter, *Southwestern Indian Jewelry* (New York, 1992)

Eliade, Mircea, *The Forge and the Crucible: The Origins and Structures of Alchemy* (New

York, 1962)

Ferguson, Niall, *The Ascent of Money: A Financial History of the World* (New York, 2008)

Flandrin, Jean-Louis, *Arranging the Meal: A History of Table Service in France*, trans. Julie E. Johnson (Berkeley, ca, 2007)

Flynn, Dennis Owen, Arturo Giráldez, and Richard von Glahn, *Global Connections and Monetary History, 1470–1800* (Aldershot, 2003)

Garrett, Valery M., *Chinese Dragon Robes* (Oxford, 1998)

Gozzini Giacosa, Ilaria, and Anna Herklotz, *A Taste of Ancient Rome* (Chicago, IL, 1994)

Giráldez, Arturo, *The Age of Trade: The Manila Galleons and the Dawn of the Global Economy* (Lanham, MD, 2015)

Glanville, Philippa, *Silver in Tudor and Early Stuart England: A Social History and Catalogue of the National Collection, 1480–1660* (London, 1990)

Glanville, Philippa, and Jennifer F. Goldsborough, *Women Silversmiths, 1685–1845: Works from the Collection of the National Museum of Women in the Arts* (London and Washington, DC, 1990)

Hornblower, Simon, *The Greek World, 479–323 BC* (London, 1983)

Kamen, Henry, *Golden Age Spain* (London, 2005)

Kean, Sam, *The Disappearing Spoon: And Other True Tales of Madness, Love, and the History of the World from the Periodic Table of the Elements* (New York, 2010)

Khemir, Sabiha, *Nur: Light in Art and Science from the Islamic World* (Seville, 2014)

Lapatin, Kenneth, ed., *The Berthouville Silver Treasure and Roman Luxury* (Los Angeles, CA, 2014)

Leader-Newby, Ruth E., *Silver and Society in Late Antiquity* (Aldershot, 2004)

Lingenfelter, Richard, *Bonanzas and Borrascas: Gold Lust and Silver Sharks, 1848–1884* (Norman, OK, 2012)

Ma, John, Nikolaos Papazarkadas and Robert Parker, eds, *Interpreting the Athenian Empire* (London, 2009)

MacGregor, Neil, *A History of the World in 100 Objects* (London, 2010)

Maltby, William S., *The Rise and Fall of the Spanish Empire* (New York, 2009)

Mann, Charles C., *1493: Uncovering the New World Columbus Created* (New York, 2011)

Marshall, Peter, *The Magic Circle of Rudolf ii: Alchemy and Astrology in Renaissance Prague* (New York, 2006)

Merriman, Philippa, *Silver* (London, 2009)

Minick, Scott, and Ping Jiao, *Arts and Crafts of China* [*Zhongguo gong yi mei shu*] (New York, 1996)

Miodownik, Mark, *Stuff Matters: The Strange Stories of the Marvellous Materials That Shape our Man-made World* (London, 2013)

Moreton, Stephen, *Bonanzas and Jacobites: The Story of the Silver Glen* (Edinburgh, 2007)

Nummedal, Tara E., *Alchemy and Authority in the Holy Roman Empire* (Chicago, IL, 2007)

Schroder, Timothy, *The National Trust Book of English Domestic Silver, 1500–1900* (New York, 1988)

Sims, J. Marion, *The Story of My Life* (New York, 1884)

Stevenson, Robert Louis, *The Silverado Squatters* (London, 1883)

Stuard, Susan Mosher, *Gilding the Market: Luxury and Fashion in Fourteenth-century Italy* (Philadelphia, PA, 2006)

Thomas, Hugh, *World Without End: The Global Empire of Philip II* (London, 2014)

Veblen, Thorstein, *The Theory of the Leisure Class* (New York, 1899)

Von Glahn, Richard, *Fountain of Fortune: Money and Monetary Policy in China, 1000–1700* (Berkeley, CA, 1996)

Worsley, Lucy, *The Courtiers* (London, 2010)

*   *   *

协会及网站

美国钱币协会（American Numismatic Society）

www.numismatics.org

澳大利亚矿产、资源、矿山分布及加工中心（Australian Atlas of Minerals, Resources, Mines and Processing Centres）

www.australianminesatlas.gov.au

中国外销银器（Chinese Export Silver）

chinese-export-silver.com

金匠公司（The Goldsmiths' Company）

www.thegoldsmiths.co.uk

保罗·盖蒂博物馆摄影作品和银器收藏（The J. Paul Getty Museum photography and silver collections）

www.getty.edu/art/collection

英国和爱尔兰银器制造者标志（Makers' Marks & Hallmarks on British and Irish Silver）

www.silvermakersmarks.co.uk

澳大利亚采矿史协会（Mining History Association）

www.mininghistoryassociation.org

美国国家矿业协会（The National Mining Association）

www.nma.org

银器标志、金银纯度印记和制造商标志在线百科全书（Online Encyclopedia of Silver Marks, Hallmarks and Makers' Marks）

www.925-1000.com

英国皇家造币厂（The Royal Mint）

www.royalmint.com

英国皇家化学学会（Royal Society of Chemistry）

www.rsc.org

世界白银协会（The Silver Institute）

www.silverinstitute.org

美国银匠学会（Society of American Silversmiths）

www.silversmithing.com

美国地质调查局岩矿信息：银 [United States Geological Survey (USGS) Minerals Information: Silver]

minerals.usgs.gov/minerals/pubs/commodity/silver

英国维多利亚与艾尔伯特博物馆（The Victoria and Albert Museum）

www.vam.ac.uk

写关于银的文章有时就像在写世界历史一样,所以我特别感谢所有耐心探讨各自领域中错综复杂的问题的人们。感谢物理学家布鲁斯·布雷(Bruce Bray)、化学家埃迪·莫勒(Eddie Moler)、斯蒂芬·莫尔顿(Stephen Moreton)和拜伦·舍恩(Byron Shen),以及红杉树国家公园的地质学家艾伦·加莱戈斯(Alan Gallegos)、科尔矿业公司的达纳·威利斯、悉尼银矿有限公司的查尔斯·斯特劳(Charles Straw),还要感谢迈克·哈金斯(Mike Huggins)。

在撰写本书的过程中,我有幸得到英国、美国和中国的许多博物馆专业人士的帮助。感谢这些博物馆的馆长和收藏馆经理,特别要感谢加州圣安娜鲍尔斯博物馆的劳拉·贝拉尼(Laura Belani)、艾奥瓦州迪科拉的韦斯特海姆挪威－美国博物馆（Vesterheim Norwegian-American Museum）的劳伦·吉尔伯森（Laurann Gilbertson）、上海银行博物馆的工作人员，以及费城艺术博物馆的理查德·西伯（Richard Siebe）。

我还要感谢在研究过程中给予我帮助的许多图书管理员和档案管理员，特别是加州锡尔弗拉多峡谷图书馆（Library of the Canyons / Silverado Library）的工作人员、上海徐家汇藏书楼的工作人员，以及中国上海的皇家亚洲文会北支会图书馆的管理人员，另外还要感谢美国钱币学会的埃琳娜·斯托利亚里克（Elena Stolyarik）。

银没有吸引人的个性，但银匠有。感谢所有与我热情分享知识的银匠、艺术家和珠宝商，特别感激银匠查尔斯·弗朗西斯·霍尔毫不吝惜自己的时间，感谢安娜斯塔西娅·阿祖尔（Anastasia Azure）、安东尼·埃尔森（Anthony Elson）和米莉·哈维（Mielle Harvey）。感谢画家莱斯利·刘易斯·西格勒就银和传家宝与我展开激动人心的谈话。感谢众多给予我帮助的收藏家，包括我的毕生挚友罗德尼·施瓦茨（Rodney Schwartz），以及埃里克·布多（Eric Boudot），他对中国西南的白银知识非常了解，在这方面给予了我很大的帮助。

感谢上海的刘小兰（音译）慷慨而耐心地为我介绍苗族银器的信息。感谢亚利桑那州塞多纳加兰珠宝公司的迈克尔·加兰（Michael Garland）、以色列雅法也门艺术公司的塔尔·阿尔希（Tal Arshi）、爱丁堡苏格兰画廊的克里斯蒂娜·詹森（Christina Jansen）、伦敦亚德里安·沙逊画廊的凯瑟琳·斯莱特（Kathleen Slate）、佳士得拍卖行的贝弗利·布宁克（Beverly Bueninck）、非凡矿物公司的凯文·沃德（Kevin Ward），以及猎豹古董行的戴维·默里（David Murray）。感谢华盛顿特区世界白银协会执行主席迈克尔·迪里恩佐（Michael DiRienzo）提供了非常有用的行业人脉。

关于瑞科图书出版社，特别感谢迈克尔·利曼（Michael Leaman）给予我的鼓励，感谢艾米·索尔特（Amy Salte）对书籍耐心细致的编辑，还要感谢多才多艺的画刊编辑哈利·吉洛尼斯（Harry Gilonis）激发了我的各种灵感。

最后，我要感谢家人：感谢我的父母埃万（Ewan）和奥德丽·麦克贝思（Audrey Macbeth），他们给予了我很多银器礼物；感谢我的丈夫拜伦·舍恩（Byron Shen），儿子埃万·舍恩（Ewan Shen）和欧文·舍恩（Owen Shen），他们为我提供了空间，我才得以撰写本书。

感谢插图提供者

作者和出版社希望对提供下列插图和授权转载这些插图者表示感谢。（为简洁起见，下面也给出了一些未列在正文中的信息。）

前言　白银，人类文明的开启与超越大自然的杰作

图 0-1：由查尔斯·弗朗西斯·霍尔提供。

图 0-2：由查尔斯·弗朗西斯·霍尔提供。

图 0-3：由查尔斯·弗朗西斯·霍尔提供。

第 1 章　银为何如此重要

图 1-1：出自伦敦维多利亚与艾尔伯特博物馆。

图 1-2：由凯文·沃德（Kevin Ward）提供，由乔·巴德（Joe Budd）摄影。

图 1-3：由史蒂芬·莫尔顿（Stephen Moreton）提供。

图 1-4：由史蒂芬·莫尔顿提供。

图1-5：出自美国地质调查局。

图1-6：由科尔矿业公司提供。

图1-7：出自华盛顿特区国会图书馆印刷品和照片部—美国历史工程记录。

图1-8：由科尔矿业公司提供。

图1-9：出自大都会艺术博物馆。

图1-10：由猎豹古董行提供。

第2章 哪里有银矿，哪里就有奴隶

图2-1：出自华盛顿特区国会图书馆印刷品和照片部–美国历史工程记录。

图2-2：出自华盛顿特区国会图书馆印刷品和照片部–美国历史工程记录。

图2-3：出自大都会艺术博物馆。

图2-4：由帕科·纳兰霍·吉梅内斯（Paco Naranjo Jimenez）拍摄。

图2-5：出自乔治·阿格里科拉于1556年在瑞士巴塞尔出版的《论矿冶》一书，该书由康涅狄格州纽黑文新港的耶鲁大学贝尼克珍本与手稿图书馆拍摄。

图2-6：出自华盛顿特区国会图书馆印刷品和照片部。

图2-7：由马丁·圣阿曼特（Martin St.-Amant）拍摄。

图2-8：由马丁·圣阿曼特拍摄。

图2-9：由马丁·圣阿曼特拍摄。

图2-10：由作者拍摄。

图2-11：由作者拍摄。

图2-12：由圣安娜鲍尔斯博物馆提供。

图2-13：由科尔矿业公司提供。

图2-14：由斯蒂芬·莫尔顿提供。

图 2-15：用 GanMed64 相机拍摄。

第 3 章　从凡尔赛宫到寻常百姓家

图 3-1：由作者拍摄。

图 3-2：出自加利福尼亚保罗·盖蒂博物馆（图片由盖蒂开放内容计划提供）。

图 3-3：出自加利福尼亚保罗·盖蒂博物馆（图片由盖蒂开放内容计划提供）。

图 3-4：出自大都会艺术博物馆。

图 3-5：由米埃尔·哈维提供。

图 3-6：出自大都会艺术博物馆。

图 3-7：由安东尼·洛瓦托提供，照片由亚利桑那州塞多纳加兰印度珠宝的迈克尔·加兰拍摄。

图 3-8：自伦敦维多利亚与艾尔伯特博物馆。

图 3-9：由也门艺术公司的本-齐恩·戴维提供。

图 3-10：由也门艺术公司的本-齐恩·戴维提供。

图 3-11：由作者拍摄。

图 3-12：由哈普·萨克瓦（Hap Sakwa）拍摄。

图 3-13：出自哥本哈根国家博物馆，由国家博物馆拍摄。

图 3-14：出自加利福尼亚保罗·盖蒂博物馆（图片由盖蒂开放内容计划提供）。

图 3-15：出自阿姆斯特丹国立博物馆。

图 3-16：自伦敦维多利亚与艾尔伯特博物馆。

图 3-17：自伦敦维多利亚与艾尔伯特博物馆。

图 3-18：出自大都会艺术博物馆。

图 3-19：自伦敦维多利亚与艾尔伯特博物馆。

图 3-20：自伦敦维多利亚与艾尔伯特博物馆。

图 3-21：出自大都会艺术博物馆。

图 3-22：出自大都会艺术博物馆。

图 3-23：由安东尼·洛瓦托提供，照片由亚利桑那州塞多纳加兰印度珠宝的迈克尔·加兰拍摄。

图 3-24：出自加利福尼亚保罗·盖蒂博物馆（图片由盖蒂开放内容计划提供）。

图 3-25：出自爱丁堡的苏格兰画廊。

图 3-26：出自费城艺术博物馆。

图 3-27：7 由伦敦亚德里安·沙逊画廊提供。

第 4 章　帝国崛起，两枚改变世界的银币

图 4-1：出自加利福尼亚保罗·盖蒂博物馆（图片由盖蒂开放内容计划提供）。

图 4-2：由膳魔师提供。

图 4-3：由美国钱币学会提供。

图 4-4：出自伦敦维尔康姆图书馆

图 4-5：出自洛杉矶县立艺术博物馆。

第 5 章　从新大陆流入中国的银之河

图 5-1：出自阿姆斯特丹国立博物馆。

图 5-3：出自大都会艺术博物馆。

图 5-4：出自大都会艺术博物馆。

图 5-5：出自大都会艺术博物馆。

图 5-6：出自阿姆斯特丹国立博物馆。

图 5-7：出自阿姆斯特丹国立博物馆

图 5-8：出自大都会艺术博物馆。

第 6 章　银在现代社会中的新角色

图 6-1：出自加利福尼亚保罗·盖蒂博物馆（图片由盖蒂开放内容计划提供）。

图 6-2：出自洛杉矶县立艺术博物馆。

图 6-3：出自洛杉矶县立艺术博物馆。

图 6-4：出自伦敦科学博物馆。

图 6-5：出自伦敦科学博物馆。

第 7 章　银器，地位的象征

图 7-1：由莱斯利·刘易斯·西格勒提供。

图 7-2：出自大都会艺术博物馆。

图 7-3：出自洛杉矶县立艺术博物馆。

图 7-4：由慕尼黑巴伐利亚国家博物馆提供。

图 7-5：出自大都会艺术博物馆。

图 7-6：出自佳士得影像。

图 7-7：出自大都会艺术博物馆。

图 7-8：出自大都会艺术博物馆。

图 7-9：出自费城艺术博物馆。

图 7-10：出自洛杉矶县立艺术博物馆。

图 7-11：出自洛杉矶县立艺术博物馆。

图 7-12：由莱斯利·刘易斯·西格勒提供。

图 7-13：出自费城艺术博物馆。

图 7-14：出自费城艺术博物馆。

第 8 章　圣洁的银，美与文明的传承

图 8-1：出自加利福尼亚保罗·盖蒂博物馆（图片由盖蒂开放内容计划提供）。

图 8-2：出自大都会艺术博物馆。

图 8-3：出自加利福尼亚保罗·盖蒂博物馆（图片由盖蒂开放内容计划提供）。

图 8-4：出自大都会艺术博物馆。

图 8-5：出自大都会艺术博物馆。

图 8-6：出自洛杉矶县立艺术博物馆。

图 8-7：出自纽约犹太博物馆。

图 8-8：由金匠公司提供，由理查德·瓦伦西亚（Richard Valencia）拍摄。

图 8-9：由克里斯·巴克利提供。

图 8-10：由克里斯·巴克利提供。

图 8-11：出自伦敦科学博物馆。

图 8-12：自伦敦维多利亚与艾尔伯特博物馆。

图 8-13：赫比约恩·高斯塔（Herbjorn Gausta）拍摄。

图 8-14：出自艾奥瓦州迪科拉的韦斯特海姆挪威–美国博物馆。

图 8-15：出自洛杉矶县立艺术博物馆。

图 8-16：出自伦敦大英博物馆（大英博物馆照片托管人）。

未来，属于终身学习者

我们正在亲历前所未有的变革——互联网改变了信息传递的方式，指数级技术快速发展并颠覆商业世界，人工智能正在侵占越来越多的人类领地。

面对这些变化，我们需要问自己：未来需要什么样的人才？

答案是，成为终身学习者。终身学习意味着永不停歇地追求全面的知识结构、强大的逻辑思考能力和敏锐的感知力。这是一种能够在不断变化中随时重建、更新认知体系的能力。阅读，无疑是帮助我们提高这种能力的最佳途径。

在充满不确定性的时代，答案并不总是简单地出现在书本之中。"读万卷书"不仅要亲自阅读、广泛阅读，也需要我们深入探索好书的内部世界，让知识不再局限于书本之中。

湛庐阅读 App: 与最聪明的人共同进化

我们现在推出全新的湛庐阅读 App，它将成为您在书本之外，践行终身学习的场所。

- 不用考虑"读什么"。这里汇集了湛庐所有纸质书、电子书、有声书和各种阅读服务。
- 可以学习"怎么读"。我们提供包括课程、精读班和讲书在内的全方位阅读解决方案。
- 谁来领读？您能最先了解到作者、译者、专家等大咖的前沿洞见，他们是高质量思想的源泉。
- 与谁共读？您将加入优秀的读者和终身学习者的行列，他们对阅读和学习具有持久的热情和源源不断的动力。

在湛庐阅读 App 首页，编辑为您精选了经典书目和优质音视频内容，每天早、中、晚更新，满足您不间断的阅读需求。

【特别专题】【主题书单】【人物特写】等原创专栏，提供专业、深度的解读和选书参考，回应社会议题，是您了解湛庐近千位重要作者思想的独家渠道。

在每本图书的详情页，您将通过深度导读栏目【专家视点】【深度访谈】和【书评】读懂、读透一本好书。

通过这个不设限的学习平台，您在任何时间、任何地点都能获得有价值的思想，并通过阅读实现终身学习。我们邀您共建一个与最聪明的人共同进化的社区，使其成为先进思想交汇的聚集地，这正是我们的使命和价值所在。

CHEERS

湛庐阅读 App
使用指南

读什么

· 纸质书
· 电子书
· 有声书

怎么读

· 课程
· 精读班
· 讲书
· 测一测
· 参考文献
· 图片资料

与谁共读

· 主题书单
· 特别专题
· 人物特写
· 日更专栏
· 编辑推荐

谁来领读

· 专家视点
· 深度访谈
· 书评
· 精彩视频

HERE COMES EVERYBODY

下载湛庐阅读 App
一站获取阅读服务

图书在版编目（CIP）数据

白银与文明 /（美）菲奥娜·琳赛·舍恩
(Fiona Lindsay Shen) 著 ；张焕香，刘秀婕，韩菲译
. -- 杭州 ：浙江教育出版社，2023.12
　　ISBN 978-7-5722-6963-9

　　Ⅰ．①白… Ⅱ．①菲… ②张… ③刘… ④韩… Ⅲ.
①银－贵金属－文化史－世界－通俗读物 Ⅳ.
①TG146.3-49

中国国家版本馆CIP数据核字(2023)第229181号

浙 江 省 版 权 局
著作权合同登记号
图字 : 11－2023－354号

上架指导：科普 / 白银史

白银与文明
BAIYIN YU WENMING

［美］菲奥娜·琳赛·舍恩（Fiona Lindsay Shen）　著

张焕香　刘秀婕　韩菲　译

责任编辑： 李　　剑
助理编辑： 刘亦璇
美术编辑： 韩　　波
责任校对： 傅美贤
责任印务： 陈　　沁
封面设计： ablackcover.com

出版发行： 浙江教育出版社（杭州市天目山路 40 号）
印　　刷： 北京盛通印刷股份有限公司
开　　本： 720mm × 965mm 1/16　　　　　**插　页：** 2
印　　张： 14.75　　　　　　　　　　　**字　数：** 211 千字
版　　次： 2023 年 12 月第 1 版　　　　 **印　次：** 2023 年 12 月第 1 次印刷
书　　号： ISBN 978-7-5722-6963-9　　　**定　价：** 109.90 元

如发现印装质量问题，影响阅读，请致电 010-56676359 联系调换。